Bruno Hespeler

Rehwild heute

Lebensraum, Jagd und Hege

Dritte, überarbeitete und erweiterte Auflage

BLV

CIP-Titelaufnahme der Deutschen Bibliothek

Hespeler, Bruno:
Rehwild heute: Lebensraum, Jagd und Hege /
Bruno Hespeler. – 3., überarb. u. erw. Aufl. –
München; Wien; Zürich: BLV, 1989
(Pirsch-Buch)
ISBN 3-405-13895-7

Bildnachweis

Farbfotos
Hespeler 65, 66, 83 o, 84 u, 102, 135 o
Hopf 83 u, 84 o, 101, 135 u, 136 o

Fotos
Emberger 49
Hespeler 11, 37, 40, 41, 46, 50, 53, 74, 76, 79, 81, 89, 93, 96, 97, 100, 108, 109, 112, 113, 118, 120, 121, 126, 127, 130, 155, 167, 168, 170, 172, 174
Hopf 14, 17, 28, 30, 31, 55, 134, 150
Thiermeyer 173
Thorbecke (Luftbildaufnahmen freigegeben durch das Luftamt Südbayern Nr. 5966) 8/9, 25, 67
Titelbild: Reinhard Siegel

Illustrationen: Bernd Pöppelmann

BLV Verlagsgesellschaft mbH
München Wien Zürich
8000 München 40

Gesamtherstellung: Wagner, Nördlingen

Printed in Germany · ISBN 3-405-13895-7

Inhalt

Überall Rehe – Ein paar Gedanken zur Einstimmung

Es ist wirklich so: In der Größenordnung nächst der Wanderratte gibt es bei uns – und in ganz Mitteleuropa – kein wildlebendes Säugetier, das annähernd so häufig, so weit und allgemein verbreitet ist wie *Capreolus capreolus,* das Reh. Seine enorme Anpassungsfähigkeit an ganz verschiedene, auch durch die menschliche Zivilisation tiefgreifend beeinflußte Lebensbedingungen ist für ein Wildtier dieser Größe, zumal für einen Wiederkäuer, einzigartig. Das ist in unserer Zeit des rapiden Artenschwundes und der Roten Listen eine hocherfreuliche Ausnahme – und unter diesem erfreulichen Aspekt sollten wir den »Problemen« um diese allgegenwärtige Wildart doch die hauptsächlich positive Seite abgewinnen. Von dieser Betrachtungsweise aus sind solche Probleme nämlich sicher leichter zu bewältigen, als wenn wir uns krampfhaft in meist ›hausgemachte‹ und manchmal auch bloß eingebildete Schwierigkeiten und Streitigkeiten hineinsteigern.
Mit ›wir‹ sind alle Menschen gemeint, die irgendwie mit Rehen zu tun haben: Jäger, Waldbesitzer und Forstleute, die Vertreter der einschlägigen Verwaltungen, aber auch Naturschützer, Tier- und Naturfreunde im allgemeinen. Sie alle haben je nach ihrer besonderen ideellen und/oder materiellen Interessenlage und je nach ihrem Kenntnisstand verschiedene und oft widersprüchliche Empfindungen im Zusammenhang mit dem Rehwild. Vom ›süßen Bambi‹ bis zum wäldervernichtenden ›kleinen roten Knospenbeißer‹ reichen die einseitigen Zerrbilder. Die Rehe haben es schwer, es allen Menschen recht zu machen. Denn so häufig sie auch sind – die schätzungsweise zwei Millionen Rehe, die in unserer Bundesrepublik leben, müssen sich den Lebensraum mit rund 60 Millionen Menschen teilen, und dieser Zahlenvergleich zeigt, wo die eigentlichen Wurzeln so mancher Probleme stecken.
Von den 60 Millionen Menschen in unserem Land sind rund 260 000 Jäger, und auf ihr Konto kommt eine jährliche Jagdstrecke von rund 700 000 Rehen. Nicht ganz allerdings; denn knapp ein Sechstel dieser ›Jahresstrecke‹ wird nicht von Jägern geschossen, sondern kommt auf den Straßen unter die Räder von Autos. Bemerkenswert: Vor 50 Jahren erbeuteten die damals noch nicht so zahlreichen Jäger auf der gleichen Fläche nur knapp 400 000 Rehe jährlich. Doch auch der heutige hohe Aderlaß ›reguliert‹, geschweige denn vermindert die Rehe nicht – oder doch nur örtlich und zeitweilig begrenzt. Auch das ist eine – zumindest für die Jäger – erfreuliche Ausgangslage; denn hier haben wir noch eine Wildart, die nachhaltig auf hohem, sogar noch steigerungsfähigem Niveau ertragreiche Jagdbeute liefert und damit für alle Jäger auch eine ständige Quelle freudigen Erlebens. Und das noch dazu keineswegs mit dem Odium des bloß jagdlichen Selbstzwecks, sondern eingebunden in die ver-

nünftige Aufgabe, das Rehwild im Einklang mit seinem Lebensraum und mit den Ansprüchen der Waldwirtschaft pfleglich zu nutzen und zu erhalten.
Die Jagd wird damit wirklich zu einem Bindeglied zwischen Landnutzung und Landschaftspflege im Sinne eines »gestaltenden Naturschutzes«, und alle könnten zufrieden sein. Nicht zuletzt die Grund- und Waldbesitzer, die im Wild nicht vorwiegend einen Schadensfaktor zu sehen bräuchten, sondern vielmehr eine angenehme Nebennutzung ihres Grund und Bodens, in Form der materiellen und ideellen Werte der Jagd. Vorausgesetzt, die Jäger erfüllen ihre Aufgabe, finden zurück zu einer bodenständigen, ›bäuerlichen‹ Bindung an Revier und Wild und finden hin zu einer unverkrampft naturnahen Einordnung ihres Handelns nach dem Stand des enorm gewachsenen Wissens über Wildtiere und ökologische Zusammenhänge.
Unter diesen Gegebenheiten muß es paradox erscheinen, daß unsere Jägerschaft so große Schwierigkeiten hat, zu einem zeitgemäßen Selbstverständnis zu finden und dieses einer zwar kritischen und oft unverständigen, jedenfalls aber naturliebenden und naturinteressierten Öffentlichkeit zu vermitteln. Es wäre schade, wenn Vereinsmeierei, Selbstmitleid über vergangene Herrlichkeiten, Eigenlob mit Orden und Ehrenzeichen, starre Bindungen an überlebte Traditionen den Blick und den Weg verstellen würden in eine sicher anders geartete, schlichtere und bescheidenere, aber ebenfalls an Freude und Befriedigung über lohnende Aufgaben reiche Zukunft, die die Jagd zweifellos haben könnte, zumindest was das Rehwild betrifft und einige andere Wildarten, die mit unserer Menschenwelt so gut zurechtkommen. Diese Chance müssen wir nützen, wenn uns das Jagen am Herzen liegt.
Ein sehr hilfreicher Wegweiser dazu ist das vorliegende Buch. Es wirkt vor allem deshalb so überzeugend, weil es keine ›neue Theorie‹ verkündet, gegen die schlichte Praktiker aus guten Gründen mißtrauisch zu sein pflegen. Ein nach Harz und Schweiß duftender Praktiker selbst hat es geschrieben, ein Berufsjäger, der die Entwicklungen unserer Zeit in vielfältigem Revierdienst mit offenen Augen erlebt und mit eigener Hände Arbeit umgesetzt hat. Der sich aber auch bemüht hat, sich den Fortschritt des Wissens einzuverleiben und der erkannt hat, wieviel leichter, freudiger und einsichtiger das Jagen sein könnte, wenn die Jäger sich am gesicherten Wissen über Natur, Wald und Wild orientieren könnten und nicht gezwungen wären, sich von fachfremden Behörden reglementieren zu lassen und sich aus falsch verstandener Tradition in die eigene Tasche zu lügen oder zu heucheln.
Bruno Hespeler kann es sich deshalb leisten, seinen Waidgenossen einige unbequeme Wahrheiten zu sagen – »und wenn die Waidgerechtigkeit, die falsche, darüber vereinsweise kopfsteht« (so hat das – in einem anderen Zusammenhang – der große Jägerdichter Friedrich von Gagern vor etwa 60 Jahren einmal ausgedrückt). Kritik an gängigen jagdlichen Gepflogenheiten hat unter Jägern selbst eine alte und gute Tradition. Nehmen wir uns ein Beispiel an der Anpassungsfähigkeit der Rehe ...!

WALTER HELEMANN

Einleitung

Als vor einiger Zeit der BLV-Verlag mit dem Angebot an mich herantrat, ich solle ein neues Rehwildbuch schreiben, hatte ich zunächst unbefangene Arbeitsfreude. Rehe begleiteten mich durch zwei Jahrzehnte meines Berufsjägerlebens fast immer als Hauptwildart. An Stoff sollte es nicht fehlen!
Die Ernüchterung folgt meist am Tag darauf – auch beim frisch-freien Versuch, ein Rehbuch zu schreiben. Schon bei den Vorarbeiten, beim Sichten und Ordnen des umfangreichen Materials, schließlich bei vielen, oft endlosen Gesprächen mit anderen Jägern zeigten sich die Grenzen gedruckter Kommunikation... Wie anfangen, wie am wenigsten mißverstanden werden?
Rehe gibt es in Europa ja fast überall, und sie sind sich auch äußerlich wie innerlich ziemlich gleich. Die Lebensräume – ihre und die der Jäger –, erst recht beider Verhalten sind tausendfach verschieden, auch wenn dies dem ersten flüchtigen Blick entgeht. Selbst für den relativ engen Bereich meines Landkreises lassen sich kaum für alle Reviere verbindliche Regeln aufstellen. Wie dann, dazu auf beschränktem Platz, den Stoff so abhandeln, daß er für jedes der vielen Tausend bundesdeutscher Reviere zu jeder Frage die richtige Antwort gibt?

Der Gießwald, an der bayerisch-württembergischen Grenze...

Eine Monographie sollte das Buch nicht werden, es gibt bereits vorzügliche. An eine trockene Auflistung wissenschaftlicher Erkenntnisse war auch nicht gedacht – welcher Praktiker würde sie lesen oder gar ohne Anleitung umsetzen? Diese Überlegungen waren schließlich ausschlaggebend dafür, mich weitgehend auf die eigene Praxis zu beschränken. Nicht gerade in die Einöde meines gegenwärtigen, auch schon seit vielen Jahren betreuten, liebgewordenen Austrages, so doch auf die Zahl der von mir selbst bejagten, zumindest intensiver erlebten Reviere. Wenn man so will, liefere ich nur den ersten, den schriftlichen Teil des Gesamtwerkes. Die Lieferung des zweiten sei dem praktizierenden Leser aufgetragen. Ihm bleibt überlassen, die Kernaussagen des Buches in die Verhältnisse seines Jagdbereiches einzupassen.

Ein Grundwissen um unser Rehwild und die Bereitschaft widerlegten Ballast abzulegen, werden vorausgesetzt. Damit läßt sich diese oder jene Aussage relativieren, die Konsequenzen für den eigenen Bereich modifizieren. Die paar Rehe im fast baumlosen Stadtrandrevier sind eben vom Jäger doch noch irgendwie erfaßbar, auch wenn ich sage, Rehe seien nicht zählbar. Um meine Behauptung (ich hoffe auch den Beweis glaubhaft angetreten zu haben), die Landschaft sei (insgesamt) für die Rehe heute weit günstiger als vor Jahrzehnten, ist sicher hier und dort (im jagdlichen Mikrobereich) widerlegbar.

Rehe reagieren so unglaublich individuell. Sie sind mit Gewohnheiten und Traditionen belastet. Wie sonst (das ist nur ein ganz simples Beispiel) würden sie in einem unserer beiden kleinen Reviere das Heu gierig aus den Raufen

...ein typisches Rehwildrevier mit allen Reizen und Problemen. (Luftbild-Nr. 5966)

äsen, im anderen selbst dann nicht, wenn ich ihnen Kraftfutter und Silage sperre? Der Boden, die Waldbestockung, das Klima und die ganze ›menschliche Ordnung‹ sind in beiden, dicht nebeneinander liegenden Revieren dieselben. Wie könnte es da möglich sein, dem Leser in der Heide ein sicheres Rezept aus dem Allgäu zu schicken?!

Ein jagdpraktisches Buch also? Ja, aber kein Rezept auf die Frage nach dem großen Geweih – pardon Gehörn – und nicht zur Schaffung ›reicher‹ Wildbestände. Es geht um die Rehe, nicht um die Erfüllung *unserer* Wünsche. Und die Rehe sind nur Teil einer weit größeren Ordnung, aus der wir Menschen zusehends abrutschen. Wir Jäger sollten die Rehe wieder unbefangener sehen als in vergangenen Jahrzehnten; wir sollten sie Wild sein lassen und nicht zum Produkt einer Sonderform landwirtschaftlicher Nutzung unter dem Pseudonym ›Jagd‹ machen. Zur Jagd gehört unabdingbar der Jäger – nicht der Züchter. Im Gegenteil: Die Viehzucht war der entscheidende Schritt weg von der Jagd, weg vom Urjägertum! Auf diesem Grundgesetz mauert auch heute noch, was wir – meist recht pathetisch – als Waidwerk umschreiben. Der letzte Rest eigentlichen Jagens schmilzt, wenn wir versuchen, den Viehhalter zu kopieren!

Wo uns zu gering erscheint, was die Natur hervorbringt, wo wir beginnen ›Wachstumsnormen‹ für Rehe aufzustellen, ist der Weg zur jagdlich verbrämten Rehfarm nicht mehr weit. Der Hirsch wird längst im 30 Hektar-Gehege ›erwaidwerkt‹, die Fasanen zu Hunderttausenden aus den Kisten vor die Flinten geworfen (mit knapper Schamfrist) und das als ritterlich betitelte Schwarzwild erfreut sich der jagdkommerziellen Massenaufzucht in Gattern – machen wir wenigstens nicht auch noch unser Rehwild zur ›Sau‹!

Aber von solchen Möglichkeiten und Visionen ist im vorliegenden Buch nicht die Rede, sondern ausschließlich von der Jagd auf Rehe in vom Menschen genutzter Landschaft, in der zuweilen der Jäger hier und dort Maßnahmen ausführt, die früher Bestandteil der Landwirtschaft waren: den Gemengeacker in den Maiseinöden, die Feldholzinsel in der ausgeräumten Agrarsteppe zum Beispiel. Fraglich kann unsere Hege aber werden, wenn sie zum Aktionismus, gelegentlich zum Alibi auswächst. Wo der veränderte Wald den Rehen soviel Äsung und Deckung bietet, daß wir sie jagdlich nicht mehr in den Griff bekommen, können wir den Futterautomat nicht als hegerische Notwendigkeit und nicht als Maßnahme zur Wildschadensabwehr verkaufen.

Jagd – Beutung(!) – ist unser wichtigster Hegefaktor! Vergehen, ist immer die Grundvoraussetzung für neues Werden. Genau dies zu begreifen, tun sich manche Jäger schwer. Tausende von Jahren wurden die Rehe und ihre Vorfahren von tierischen Räubern hart gezehntet und genau dadurch genetisch gesund gehalten. Wir geben vor, die Nachfolger dieser Räuber zu sein, ohne jedoch den Beweis zu erbringen. Jahrtausende hindurch schlugen unregelmäßig wiederkehrende Katastrophenwinter schwerste Einbrüche unter den Rehen und ermöglichten so – und nur dadurch – ein neues Aufblühen des lokalen

Unser Wald – Sandkasten für jägerische Steinzeitspiele (?) oder Erholungsraum für eine in Gettos gepferchte Menschheit; letzter Puffer einer uns selbst entwertenden Zivilisation, an der auch wir Jäger (außerjagdlich) kräftig mitarbeiten und verdienen?

Bestandes. Zwar kehren solche Winter auch heute noch gelegentlich bei uns ein, aber wir können es uns gar nicht mehr leisten, die Rehe den damit verbundenen Lebenskampf ausfechten zu lassen. Es wird ihnen ja nicht mehr zugestanden, die jungen Waldbäume bis zum eigenen Exitus zusammenzufressen. Wir – auch wir Jäger(!) – haben doch nahezu alles was auf dieser Erde wächst und lebt kommerzialisiert. Sprich: Wir dürfen, ja müssen, dann und wann und hier und dort halt doch füttern, wollen wir die Rehe ohne *noch größere* Beeinträchtigung der vielbeschworenen Landeskultur gleichmäßig über das Land verteilt halten. Im ›Naturzustand‹ war es doch völlig gleichgültig, ob es auf einigen Quadratmeilen einige Jahre lang keine Tannen *und* keine Rehe mehr gab. Beide erholten sich in solchen Verschnaufpausen prächtig; beide waren eben noch nicht kommerzialisiert.

Wir Jäger sind für die Rahmenbedingungen des Rehwildes längst nicht mehr *alleine* zuständig. Uns bleibt die gelegentliche Korrektur – nicht der Natur, sondern der von uns selbst geschaffenen Widernisse. Jagd ist also eine dringende Notwendigkeit zur Erhaltung der Rehe, und diese Notwendigkeit wächst mit dem Maß von uns praktizierter Hege. Hinter Notwendigkeit verbirgt sich aber immer ein gewisser Zwang. Zugegeben: Es ist viel bequemer und je nach

persönlichem Geschmack vielleicht auch ›schöner‹, aus einer erquicklichen Zahl von Rehen sparsam hier und da zu wählen, nach erschwerendem Ritual zu erlegen. Das Wild soll eine Chance haben, postulieren wir viel zu oft, ohne gegenzufragen, welche Chancen es ohne Bejagung denn hat? Wo die Geißen im Herbst nicht geschossen werden, lassen wir die Kitze vom Kreiselmäher kleinhacken und beweinen sie. Und wo wir die Böcke nicht schießen, jagen sie sich gegenseitig bei den Einstandskämpfen unter die Kotflügel der Autos.
In den Himmel wachsen auch die Rehe nicht. Die von uns in der Vergangenheit immer wieder beschworenen, ganze Bestände zusammenbrechen lassende Seuchenzüge gab es bisher nicht. Ja – und ernsthaft reguliert haben wir die Rehe auch nicht, das ist heute anhand der Streckenlisten leicht rückzurechnen. So wie die Verhältnisse bis in die späten 70er-Jahre (lokal auch heute noch) waren, wird es unseren Gegnern leicht sein, die Entbehrlichkeit der Rehjagd nachzuweisen. Der Jagddruck ist für die Rehe sicher eine Belastung. Wo er mehr dem Ritual, dem persönlichen Bedürfnis nach jagdlicher Betätigung als wirklich wirksame Bejagung dient, ist er auf Dauer nicht zu rechtfertigen. Der Wind bläst uns ins Gesicht. Forderungen wie Jagd nur durch staatliche Berufsjäger, Wildbewirtschaftung nur durch Wildbiologen, überhaupt keine Jagd und Wildtiere nur noch einfangen und schlachten, sie alle stehen nicht nur im Raum, sondern werden immer lauter erhoben. Nur die Jagdgenossen – vor allem die Waldbesitzer – sind heute noch Garanten dafür, daß wir morgen noch Rehe jagen dürfen! Ihre Interessen und Vorstellungen von nachhaltiger Rehjagd unterscheiden sich allerdings vielerorts beträchtlich von denen ihrer Vertragspartner – den Jägern.
Der Großteil der Jäger nimmt seine Aufgabe sicher ernst. Sie gerecht zu erfüllen, fällt ihm aber zunehmend schwerer; einfach weil sich die Umwelt in wenigen Jahrzehnten gewaltig verändert hat – die der Rehe wie auch die unsrige.
Nur einen kleinen Ausschnitt aus dem Mosaik der Abhängigkeiten mag ich hier zeigen: Früher war die Landschaft für die Rehe insgesamt ärmer. Das trifft vor allem auf den Wald zu, auch wenn das Laubholz immer mehr zurückgedrängt wurde. Auch die meisten Nadelhölzer geben genügend Not-Winteräsung ab. Die Wälder waren früher vergleichsweise dunkel und hatten dadurch weit weniger Bodengrün als heute. Der Wald war gerade in der ›Notzeit‹ von Menschen bevölkert: Eine Vielzahl von Waldarbeitern werkelte mit Handsägen in fast allen Abteilungen, denn die Holzhauerei war Winterarbeit. Heute stempeln unsere Waldarbeiter von Silvester bis Ostern! Im Winter wurde Holz gerückt, geschlittelt und abgefahren. Im Sommer mähten und schnitten überall die Kulturfrauen; heute gibt es in vielen Revieren gar keine mehr. Auf jedem Weg wurde der Grasschnitt vergeben, selbst zwischen den damals noch engen Pflanzreihen. Halbe Dorfgemeinschaften sammelten Zapfen, Leseholz, Streu, Moos, Beeren und Pilze, heute ärgern wir uns über die Freizeit-Schwammerlsucher.

Der Wald wurde also für die Rehe ergiebiger, aber sie müssen sich gleichzeitig mehr verdrücken! Aber auch die Nahrungsverteilung war früher für die Rehe eine ganz andere als heute. Sie fanden nämlich in den Feldern zuweilen mehr als im Wald: Stoppelfeld mit Wildwuchs, Dreifelderwirtschaft, Fruchtvielfalt, mehr Grünland, kleine und kleinste Parzellen. Die Feldwege waren im Herbst und Winter Schlammbahnen, in die sich kein zivilisierter Mensch freiwillig verirrte. Heute sind die meisten Gemarkungen mit geteerten Feldwegen versehen, auf denen am Abend und am Wochenende endlose Menschenschlangen pilgern, Hunde laufen, Rennen gefahren werden. Wo sich noch Graswege finden, galoppieren die Freizeitreiter. Bei Dunkelheit kommen die Landwirte, säen, ernten, mähen und pflügen im Licht ihrer Scheinwerfer. Ist es nicht ganz logisch, daß der Jäger früher von wenigen Rehen mehr sah als heute von vielen? Dort, wo man sie sah, im Feld, fanden sie alles, was ihnen im Wald fehlte: bescheidene Nahrung und viel Umsicht und Ruhe; dort war gut jagen.
Noch etwas: Die meisten von uns jagen in ihrer Freizeit, damit aber nutzen sie die Landschaft zeitsynchron mit dem Rest der Bevölkerung! Zwanzig Meter neben Hochsitz und vielbegangenem Waldweg aber sitzen die Rehe – unsichtbar – und käuen geruhsam wieder. Äsung wächst im Wald (fast) überall.
All diese Widernisse und Probleme erfordern von uns ein grundlegendes Umdenken – vor allem aber ein Um-Fühlen. Zwischen Zwängen und manchem Ärger bleibt ein akzeptabler Spielraum, zu füllen mit *Freude an der Jagd!*

Etwas über Rehe

Wo kommen sie her?

Es gibt bei uns in Europa sicher keine zweite Wildart, die so gut erforscht ist wie das Reh. Trotzdem scheint es vielen Leuten, die ständig mit ihm umgehen, eher nur nach seiner Gestalt und Verwertbarkeit bekannt zu sein. Entwicklungsgeschichtlich ist das Reh wahrscheinlich unsere älteste Jagdwildart. Primitive Paarhufer, die schon deutliche Merkmale der Cerviden aufwiesen, lebten bereits im Erdzeitalter des Oligozän-Miozän, also vor 32 bis 10 Millionen Jahren. Damit liegen die stammesgeschichtlichen Ursprünge des Rehs viel weiter zurück als unsere eigenen. Mit Sicherheit jedenfalls ist das Reh die in Europa am längsten vorkommende Hirschart.

Die frühen Vertreter dieser Familie waren auch noch nicht mit Stirnwaffen ausgestattet, sondern trugen überlange, herausragende Eckzähne im Oberkiefer. Rudimente davon finden wir, wenn auch selten, heute noch als sogenannte ›Grandeln‹.

Ein armes, frierendes Reh im Schnee oder ein Wildtier, das sieben Millionen Jahre ohne menschliche Manipulation überlebte und gesund blieb?

Während sich die ›Echthirsche‹ zu ›Läufern‹ und damit zu Tieren der offenen Landschaft mit ausgeprägter Rudelbildung und entsprechender Fluchtverhalten entwickelten, wurde das Reh zum ›Schlüpfer‹ – zum Bewohner der Buschland- und Waldrandzonen. Sein Körperbau befähigt es zur Besiedlung von Grenzzonen zwischen Wald und offener Landschaft; dort findet es das seiner Art notwendige Nahrungsspektrum. Während Rot- und Damwild in geschlossener Formation flüchten und damit eine möglichst große Distanz zwischen sich und einer Gefahr erreichen wollen, neigt beunruhigtes oder verfolgtes Rehwild eher dazu, sich zu drücken, in einer Art Verwirrspiel den Verfolger abzuschütteln. Nur bei sehr enger und bedrohlicher Verfolgung flüchtet das Reh über seinen engsten Lebensbereich hinaus. Wer so reagiert, für den ist es auch besser, allein (unauffällig) zu leben, sich nicht in Rudeln zu binden. Rehe haben daher nur geringe soziale Bindungen. Die Familie existiert nur im Verhältnis Mutter–Kind. Selbst dieses währt nicht lange, denn schon vor der Geburt des nächsten Kitzes müssen die Vorjährigen weichen. Während bei Herdentieren die Herde (der Zusammenschluß vieler Familien) einen Schutz vor Angreifern bewirkt, entgeht der Schlüpfer und Grenzlinienbewohner Reh seinen Verfolgern besser als Einzelgänger.

Große Anpassungsfähigkeit

Wenn heute nahezu alle Räume unserer mitteleuropäischen Kulturlandschaft vom Rehwild besiedelt sind, dann liegt dies teilweise an der enormen Anpassungsfähigkeit der Rehe. Andererseits aber hat der wirtschaftende Mensch die Landschaft weitgehend in ›Buschrandzonen‹ umgewandelt: Aufgliederung einst großer geschlossener Waldungen durch Besiedlung, Schaffung von Randzonen innerhalb der Wälder durch deren Bewirtschaftung und Straßenbau usw. Das Reh zeigt sich nun als ganz typischer Kulturfolger. Es besiedelt heute von der alpinen Kampfzone bis zu den Nordseeinseln nahezu alle Landschaften. Es lebt »im tiefen Forst« wie auf dem Friedhof der Großstadt, in der Agrarsteppe wie auf den großen Flughäfen. Rehe stehen, wenn sich ihre Zahl in Einklang mit dem Lebensraum befindet, nur bedingt in Äsungskonkurrenz zu den übrigen Wildwiederkäuern. Größere Überschneidungen kommen wahrscheinlich nur in Notzeiten vor.

Verdauungssystem nach Maß

Den von Hofmann geprägten Begriff ›Konzentratselektierer‹ kennt inzwischen wohl jeder Jäger – was er bedeutet, nicht unbedingt. Hofmann: »Rehwild äst kein Gras, es selektiert zwischen diesem die Kräuter und Blüten heraus, wenn es auf Wiesen austritt. Der Konzentratselektierer Reh hat einen relativ kleinen,

einfach gebauten Pansen, in dem die nährstoffreiche, leicht verdauliche Äsung nicht lange verweilen kann (die Futter-Verzögerungsmechanismen später entstandener Wiederkäuer fehlen noch).«
Der Rehpansen ist während der Vegetationszeit außerordentlich dicht mit Pansenzotten besetzt, welche die Spaltprodukte der stärkezersetzenden Bakterien – flüchtige Fettsäuren – aufnehmen und über die Blutbahn der Leber zuführen. Während der Pansen selbst relativ klein angelegt ist, sind die Speicheldrüsen eher voluminös. Der Speichelfluß wird durch die Wiederkäubewegung angeregt. Der Speichel selbst dient als Säurepuffer. Unter natürlichen Bedingungen wird die Zahl der Pansenzotten im Winter stark verringert [König, Hofmann und Geiger, 1976]. Damit stellt sich der Organismus auf das veränderte Nahrungsangebot im Winter ein.
Im Gegensatz zur von unseren Vätern übernommenen Hege-Ideologie steht die Erkenntnis, daß Rehe gerade im Winterhalbjahr mit Nahrungsengpaß und widrigen Temperaturen weniger Energie verbrauchen als im Sommer. Rehe verstehen ökonomisch zu haushalten. Sie sammeln im Herbst Reserven an, ›bezahlen‹ mit kaum nutzbarer natürlicher ›Mast‹ den Haarwechsel und bewegen sich im Winter selbst so wenig wie möglich. Ihre Hauptposten im winterlichen Energiehaushalt sind – wo sie nicht unnötig auf Trab gebracht werden – die Aufrechterhaltung der Körpertemperatur, Energie für Äsungsaufnahme und Verdauung sowie für eingeschränkte Bewegung. Dabei werden die angesammelten Fettreserven weitgehend aufgebraucht. Die Rehe überstehen mit ihnen auch äsungslose Tage, wenn sie nur die Möglichkeit haben energiebewußt zu haushalten. Drei Tage eingeschneit unter einer Wettertanne können physisch und psychisch erträglicher sein als drei Abende Flucht vor dem Jagdbetrieb bei voller Fütterung!

Jahreszyklus

Im Frühjahr steigt bei Böcken und Geißen der Energieverbrauch rasch an: bei den Geißen vor allem im letzten Stadium ihrer Trächtigkeit, das meist schon mit dem beginnenden Haarwechsel zusammenfällt. Bei der Suche nach geeigneten Setzplätzen (sicherheits- und äsungsgünstig) werden die vorjährigen Kitze – jetzt Schmalrehe und Jährlingsböcke – verjagt. Während die Geißen sich in erster Linie gegen die Schmalrehe wenden, richten sich die etablierten Böcke gegen die Jährlingsböcke. Im Zeichen von Territorialität und Haarwechsel verbrauchen sie viel Energie, fast doppelt soviel wie im Winter.
Im Mai/Juni werden die *Kitze gesetzt.* Diese stehen spätestens nach einer Stunde auf den Läufen, werden aber während der ersten drei Lebenswochen die meiste Zeit des Tages von der Geiß abgelegt. Nach zwei Wochen nehmen sie schon Grünäsung zu sich, sind aber noch lange auf die Muttermilch angewiesen. Eine echte ›persönliche‹ Mutter-Kind-Bindung entsteht erst nach Voll-

endung der dritten Lebenswoche. Vorher lassen die Geißen auch fremde Kitze saugen.
Die natürlichen Verluste sind in den ersten Lebenstagen am höchsten, nach drei Wochen ist das Schlimmste überstanden. In witterungsmäßig ungünstigen Jahren mag es vorkommen, daß ein Viertel der Kitze die frühe Säuglingszeit nicht übersteht. Für das Überleben der Kitze ist jedoch der körperliche Zustand der Geiß weit mehr ausschlaggebend als die Witterung: viele Rehe = hohe Kitzsterblichkeit!
Die Brunft beginnt meist schon anfangs Juli und kann bis in die zweite Augusthälfte dauern. Ausreißer beobachten wir bereits im Juni. Die meisten Geißen werden nach meinen Beobachtungen so zwischen dem 16. Juli und dem 4. August brunftig. Das, was wir Blattzeit nennen, findet jedoch erst so um die Monatswende Juli/August statt. Eben die Zeit, da das Gros der Geißen bereits abgebrunftet hat.
Bei guternährten Geißen werden zwei bis drei Eier reif und befruchtet. Bei schwächeren Geißen und den meisten Schmalrehen nur eines, zuweilen auch gar keines. Schwache Schmalrehe können ›übergehen‹; besonders starke Kitze können vermutlich in Ausnahmefällen verspätet brunften und fruchtbar beschlagen werden [Albrecht v. Bayern]. Die Brunftigkeit der Geiß hält nur wenige Tage an [nach Schäfer vier bis sechs Tage].
Geißen setzen bis ins hohe Alter. Kurt [1970] berichtet von einer elfjährigen Geiß, die im 12. Lebensjahr ihr 19. Kitz brachte. ›Gelte‹ Geißen, also solche, die infolge Überalterung nicht mehr aufnehmen können, sind jägerische Phantome. Wenn, dann unterbricht oder beendet der mangelhafte Ernährungszustand die Fruchtbarkeit.

Im Frühjahr lösen sich die winterlichen Gemeinschaften nach und nach auf.

Winter
Bock
Januar
Februar
Winter
Ricke
Jährling
Sommer

Rehwild im Jahreslauf (Skizzen von B. Pöppelmann)

Die befruchteten Eier entwickeln sich nur bis zum ›Blastulastadium‹ und schlummern in diesem Zustand bis in den Dezember hinein. Erst im Winter setzt das eigentliche Embryowachstum ein. Gelegentlich werden Geißen auch erst im Herbst oder Frühwinter brunftig und fruchtbar beschlagen. Die Eiruhe entfällt dann. Die Geburt des Kitzes verschiebt sich dadurch nicht.
Nach der Brunft finden die Familien wieder zusammen. Schmalrehe, die nicht auswandern mußten, und die schwachen Jährlingsböcke stehen wieder bei ihren Müttern und den diesjährigen Kitzen. Je nach Wilddichte und Äsungsmöglichkeiten bilden sich Sippen. Sie setzen sich aus mehreren Familien, meist verwandte Rehe, zusammen, zu denen gelegentlich auch fremde stoßen. Diese Sippen halten nicht fest zusammen. Ihre Zusammensetzung kann ständig wechseln. Sie bilden lose Zweckverbände (›Sprünge‹) zur Nutzung gemeinsamer Äsungsflächen (siehe Kapitel ›Sippen‹, Seite 147).
Schon Anfang Oktober *werfen die ersten Böcke wieder ab,* die letzten erst im Januar. Eingeleitet wird der Abwerfprozeß durch knochenzersetzende Zellen (Osteoklasten) die unterhalb der Rosen eine dünne Schicht dcr Rosenstöcke aufmürben, bis die Stangen fallen. Durch anschließende Auflagerung von Knochenmaterial werden die Rosenstöcke mit zunehmendem Alter stärker.
Im Winter drosseln die Rehe ihre Nahrungsaufnahme – weitgehend unabhängig vom Nahrungsangebot – bis zum reinen Erhaltungsbedarf. Offenbar erfordert auch der Geweihaufbau (gemeinhin Motiv für intensive Fütterung) und das Fötenwachstum keine Energiemengen, die nicht durch Erhaltungsbedarf und Abbau körpereigener Reserven gedeckt werden könnten. Dieser Zustand ändert sich erst im Spätwinter und zeitigen Frühjahr. Ende März fegen die ersten Böcke (bei uns die meisten); die Einstandskämpfe sind entbrannt; Territorialität bestimmt beim Bock, später auch bei der Geiß den Lebensrhythmus. Beim Bock schwellen die Hoden an, ab Mai sind fruchtbare Samenfäden vorhanden.

Rehe – Nahrung – Räuber

Der Lärm unserer Zeit wird übertönt vom Jammerschrei über die rücksichtslose Kommerzialisierung und Zerstörung nicht nur unserer engeren Heimat, sondern schlicht der Welt – von Pol zu Pol! Längst leben bei uns die allermeisten Rehe nicht mehr im einstigen Sinne ›artgemäß‹. Die greifenden Regulatoren, Wolf und Luchs, sind in Mitteleuropa fast verschwunden. Die Rehe selbst sind durch vielfältige Einflüsse weit, weit mehr geworden. Die Landschaft, in der sie zu leben verdammt sind, wurde hingegen weitgehend in Produktionsstätten umgekrempelt: Produktion von Mais, Weizen, Fichten, Kiefern, Schweinen und Rindern, Abnützungsstätte für Produkte der Freizeitindustrie, Freizeitgetto für eine sich rattenhaft vermehrende Menschheit...
Obwohl heute wesentliche Teile unseres Landes (12,2%) unter Beton verschwunden sind, wächst Nahrung für die Rehe in Hülle und Fülle, weit mehr als

vor zwei Jahrhunderten, als fast alle Wälder noch vom Vieh genutzt wurden. Das Dilemma ist, daß nahezu alle Massenpflanzen vom Menschen als Wirtschaftspflanzen deklariert und mit alleinigem Nutzungsanspruch belegt werden. Vom verbleibenden Rest sind viele Arten nicht als Rehäsung geeignet. Im Widerstreit zwischen Restmoral und Profit bleiben uns als ›Entscheidungsgewaltige‹ in Sachen Rehwild nur drei alternative Möglichkeiten:

1. Wir tolerieren, daß Rehe Produkte nutzen, die wir zur Kommerzialisierung bestimmt haben und überlassen Wildtiere und Umwelt der Findung ihres vielzitierten ›ökologischen Gleichgewichtes‹.
2. Wir manipulieren an Landschaft und Rehen weiter, indem wir örtlich – wo notwendig – Hilfestellung geben und versuchen, die Rehe zu regulieren.
3. Wir verzichten auf die Rehe und überhaupt auf jeden Versuch, Wildtiere in unserer Kulturlandschaft zu erhalten, wenn sie unseren eigenen Ansprüchen auf Kommerzialisierung der Landschaft im Weg stehen.

Über den richtigen Weg – besser den erträglichsten – läßt sich trefflich streiten. Der Bund Naturschutz vertritt die Anschauung: »Wir sind der Auffassung, daß Wildtiere, deren Lebensräume noch intakt sind, keiner Fütterung bedürfen.« Auf die Frage, wo denn in der Bundesrepublik die Lebensräume der Rehe noch wirklich intakt seien, antwortete Prof. Dr. R. Plochmann, Dekan der Forstlichen Fakultät der Uni München: »In der ganzen Bundesrepublik! Von der Waldgrenze im Hochgebirge bis zum Münchner Waldfriedhof.«

Die Widersprüche um Rehwild und Jagd sind viele; Parolen, je einfacher sie zusammengeschustert sind, um so leichter schlüpfen sie ins Volk.

Wie auch immer: Es fehlt nicht an Nahrung für die Rehe generell, wohl aber an solcher, die von uns toleriert wird.

Wo sich irgend ein Organismus vermehrt – ob Bakterium oder Reh(!) – hat die Natur auch für Regulative gesorgt. Die Regulative der Rehe sind vielfältig und die effektivsten sind sicher nicht Wolf und Luchs, sondern weit kleinerer Art. Aber bleiben wir bei den großen, den Räubern, die wir Jäger zu ersetzen vorgeben.

Da war in früheren Zeiten der im Rudel jagende Wolf, der sich bei ›Herdentieren‹ weit leichter tat als beim ›Eremiten‹ Reh. Er hinderte die Rehe aber sicher daran zu expandieren. Wo sie in größerer Zahl vorkamen, fielen sie ihm zum Opfer.

Hauptpraedator der Rehe war der Luchs. Die Wechselbeziehung Reh/Luchs wird in Skandinavien besonders deutlich. Zu einer Zeit, da der Luchs in Schweden kurz vor der Ausrottung stand, gab es Rehe eigentlich nur im Süden des Landes. Der größte Teil Schwedens war rehfrei. Inzwischen sind die Rehe – infolge veränderter Umweltbedingungen – bis an die Eismeerküste vorgedrungen [Wotschikowsky 1984] und besiedeln vom Norden her Finnland. Heute kommt der Luchs wieder fast in ganz Schweden vor und er ernährt sich zu einem guten Teil von den – sich trotzdem vermehrenden – Rehen! Wer reguliert also letztlich wen?

Kein Platz für junge Rehe

Rehe wachsen nicht in den Himmel. Jeder Jäger, der einige Jahre mit offenen Augen in einem bestimmten Gebiet weilte, weiß, daß sich seine Rehe auch unter besten Bedingungen nicht endlos vermehren. Ist eine bestimmte Bestandsdichte erreicht, stagniert der Zuwachs, die natürlichen Abgänge, die Mortalität, wird höher. Zwei wesentliche Faktoren sorgen für die Stagnation: die gebietsbehauptende Eigenschaft (Territorialität) und das Nahrungspotential. Beide stehen in einem Abhängigkeitsverhältnis zueinander. Das bedeutet, daß der Lebensraum, den ein Reh beanspruchen muß, um so kleiner ist, je qualitativ und quantitativ besser in diesem Nahrung wächst.
Die Gebietsbeanspruchung der Rehe schwankt jahreszeitlich, und sie hängt auch nicht ganz allein von der Äsung ab. Einmal dient sie beim Bock zunächst der ›geregelten‹ Fortpflanzung. Ganz klar: Der Bock hält sein Gebiet frei von anderen Böcken, um selbst bei möglichst vielen Geißen zum Beschlag zu kommen. Allerdings besteht auch hier wieder eine Rückkoppelung zur Äsung. Viel Äsung im Lebensraum des Bockes zieht auch Geißen an. Andererseits sind gute Territorien eher klein aufgeteilt. Der Bock stellt seine Gebietsansprüche mit dem Reifen seines Geweihs und gibt sie nach der Brunft weitgehend wieder auf.
Geißen suchen in erster Linie eine gesicherte Kinderstube. Sie distanzieren sich von fremden Geißen, und spätestens mit dem Setzen auch von den vorjährigen Töchtern. Neben dem sicheren Setz- und Ablegeplatz geht es ihnen darum, unbehelligt von anderen Geißen und ohne weite Wege, genügend gute Nahrung aufzunehmen. Damit vermeiden sie unnötige Distanz zu ihren Kitzen. Plätze, an denen mehrere Geißen ihre Kitze ablegen, werden zudem vom Raubwild eher systematisch abgesucht als nur schwach besetzte Plätze.
Während die Böcke ihre erkämpften Territorien auch nach dem Abklingen der Brunft ziemlich genau beibehalten, neigen die Geißen im ausklingenden Sommer eher dazu, innerhalb eines etwas weiter gefaßten Gebietes auf die jeweils besten Äsungsplätze zu ziehen. Dabei kommt es dann auch zu mehr scheinbaren Vergesellschaftungen mehrerer Rehfamilien.
Kurt nennt solche losen Zusammenschlüsse von zwei oder mehreren Familien Sippe. In der Regel zieht die einzelne Geiß aber nur mit ihren letzten beiden Kitzjahrgängen zusammen – also Geiß, Kitz und Schmalreh. Auf den Äsungsflächen trifft und toleriert man sich eben. Auch das Aus- und Einziehen erfolgt mitunter – zufällig – gemeinsam. Im Herbst stehen dann häufig die jetzigen

Jährlingsböcke bei der Familie; allerdings meist nur die eher schwachen, denn die starken mußten ja im Frühsommer wandern.

Nicht alle kehren zurück

Jährlinge müssen also – zunächst – weichen. Sobald sie erwachsen werden, erscheinen sie den etablierten Rehen als Konkurrenz. Und da nun – wie bei uns Menschen – nicht alle Jugend gleichermaßen erwachsen ist und vor allem wirkt, ist auch die ihnen von den Erwachsenen entgegengebrachte Toleranz ganz unterschiedlich bemessen.
Die stärksten und optisch reifsten Jährlinge müssen immer zuerst weichen!
Diese Erfahrung deckt sich mit der von STRANDGAARD gewonnenen. Auf Kalö wurden die Rehe nicht nur als Kitze markiert, sondern auch allwinterlich lebend gefangen, vermessen, gewogen und, soweit noch nicht geschehen, mit Kunststoffhalsbändern versehen, auf denen weithin sichtbare Nummernblättchen angebracht waren. In den Jahren von 1966 bis 1968 wurden auf Kalö nahezu alle freilebenden Rehe (97%) gefangen und markiert. Zu diesem Zeitpunkt waren die Kitze jeweils gut halbjährig. Die im Frühjahr und Frühsommer vertriebenen Jährlingen hatten als Halbjährige durchschnittlich ein Lebendgewicht von 18,5 kg. Die schwächeren (kindlicheren) Jährlinge wurden in Ecken abgedrängt, dort zwar unterdrückt, insgesamt aber im Geburtsrevier geduldet. Erst im darauffolgenden Jahr, als nunmehr Zweijährige wurden sie von den älteren Böcken ernstgenommen und – wenn keine Territorien frei waren – verjagt. Ihr Durchschnittsgewicht als Halbjährige betrug nur 16,7 kg.
Wie weit nun die erwachsen wirkenden Jährlinge wandern müssen, hängt von mehreren Faktoren ab. Zunächst wohl von der Besiedlungsdichte und der Struktur des Revieres. Daneben aber auch sicher von einer Reihe Zufälligkeiten. Am ehesten flüchten sie ins Feld. Dort, weit draußen, vermögen sie den herrischen älteren Artgenossen auszuweichen. Nicht in jedem Revier finden sich weite Feldfluren als ›Fluchtburgen‹, in denen die Jährlinge über Monate halbwegs ungestört leben können. Gelegentlich sind die Reviere so dicht besetzt, daß auch die Zweijährigen flüchten müssen. Solche unterdrückte Zweijährige demonstrieren dann ihre Stärke gegenüber den Jährlingen meist deutlicher als die wirklich voll erwachsenen drei- und mehrjährigen Böcke. Den stärkeren Jährlingen bleibt dann wirklich nur noch die Auswanderung.
In unserem kleinen Voralpenrevier, mit teilweise erheblichen Rehwilddichten in den Nachbarrevieren und reiner Grünlandwirtschaft ohne deckende Halmfrucht, haben die Jährlingsböcke weder die eine noch die andere Möglichkeit. Die Wiesen werden immer wieder unterbrochen von kleinen Waldschachen, in denen für gewöhnlich auch jeweils ein erwachsener Rehbock wohnt. In solch kleinen Parzellen bleibt zusätzlich für Jährlinge kaum Platz. Wandern sie in die noch dichter besiedelten Nachbarreviere ab, kommen sie vom Regen in die

Traufe. Im Gegenteil: Jeden Frühsommer drängen fremde Jährlinge zu uns herein. Wir mögen dies gar nicht, denn immerhin sollten wir ja – vom eigenen Bestand ausgehend(!) – 50% unseres Bockabschusses mit Jährlingen erfüllen. Bei dem permanenten Zustrom von Emigranten müßten wir folglich noch weit mehr Jährlinge schießen. So wäre es zur Erreichung einer ausgewogenen Altersstruktur eigentlich notwendig, fast nur Jährlinge zu erlegen.

Jährlingsecken

Unsere Jährlinge haben die Lösung in der Bildung von ›Kommunen‹ gefunden. Sie leben häufig gemeinsam in bestimmten Ecken zusammen. So eine typische Jährlingsecke habe ich auf dem Luftbild, Seite 25, eingezeichnet. Dort wird die arglose Rehjugend zwar häufig von Menschen gestört, was jedem Altbock zuwider ist, aber es gibt in ständigem Wechsel von Mahd und Wachstum eine Menge guter Äsung. Die Erfahrung der Jährlinge mit dem Menschen sind noch bescheiden; sie nehmen Störungen wenig übel und in der Gemeinschaft werden sie den Altböcken eher lästig und unangenehm. Jeder Altbock würde sich aufreiben, wollte er ständig ein Halbdutzend Jährlinge aus der Nachbarschaft jagen. Wo Jährlinge massiv auftreten, ziehen sich bessere Böcke gelegentlich zurück oder es kommt zu einer Art friedlicher Koexistenz.

Die Jährlings-Kommune auf dem Luftbild liegt an unserer Reviergrenze. Diese wird durch den Bach gebildet, dahinter liegt der nachbarliche Wald und davor – auf unserer Seite – ein ganz schmaler Fichtenstreifen und die große, bis zu den beiden Bauernhöfen reichende Wiesenfläche. Hier, in diesem kleinen, sicher nicht mehr als zwei Hektar großen Fichtenstreifen wohnen in manchen Jahren bis zu sechs Jährlingsböcke und immer auch noch eine Reihe von Geißen und Schmalrehen. Allabendlich ziehen sie zur Äsung in die weiten, immer nur in Etappen gemähten Wiesen. Fast immer lebt dort als Nachbar ein besserer Altbock, der den Jährlingsstall meist meidet. Die Plätzstellen finden sich genau entlang dem Grenzbach und seitlich um den Fichtenstreifen herum. Ein Feldweg markiert symbolisch die Tür zwischen Jährlingskommune und Altbockwohnung. Auf diesem Weg laufen an Sommerabenden regelmäßig einige Jogger, der Sohn des Bauern benutzt ihn als Mofa-Rennstrecke und der Bauer selbst »werkelt« fast allabendlich irgendwo in den Wiesen. Die Jährlinge nehmen das alles nicht weiter krumm. Wird eine Störung wirklich aufdringlich, verschwinden sie für zehn Minuten in ihrem Fichtenstreifen, dann stehen sie schon wieder draußen.

Einem erwachsenen Rehbock ist das alles zuwider. Wird er dann zusätzlich noch von einer Bande Halbwüchsiger belästigt, räumt er lieber das Feld und

In den letzten Jahren unsere Haupt-Jährlingsecke. Hier stehen zwischen Mai und August bis zu 10 Jährlingsböcke und Schmalrehe, dabei ist der von ihnen bewohnte Fichtenstreifen nicht viel größer als zwei Hektar, aber Sommeräsung in Fülle und Ruhe vor älteren Böcken. (Luftamt Südbayern, Luftbild-Nr. 5966)

begnügt sich irgendwo nebenan mit einer verschwiegenen Ecke – die er dann aber auch rücksichtslos verteidigt.

Rehe müssen – besser sie können – also nicht unbedingt wandern. Ist die Besatzdichte ringsum hoch, bleibt nur die Nische oder der ständige Standortwechsel. Ellenberg ist dieser Frage in Stammham nachgegangen und berichtete darüber in der Allgemeinen Forst-Zeitschrift, Heft 50/75:

»In neubesiedelten Biotopen findet man – und das bedarf noch einer Klärung – von vorneherein meist Rehe guter Qualität: Strandgaard konnte zeigen, daß es vorwiegend die besser entwickelten Jährlinge sind, die auswandern. Dieselbe Erfahrung konnte – unabhängig von Strandgaard – auch im Rehgatter Stammham gemacht werden. Die besten Jährlinge, die im Mai schon physisch und psychisch in der Lage waren, gegenüber älteren Böcken territoriale Ansprüche anzumelden, wurden von den herausgeforderten Territorieninhabern jedesmal eindeutig besiegt. Sie gaben aber nicht auf, und ließen sich quasi von jedem älteren Bock einzeln bestätigen, daß er ihnen überlegen war. Bis sie schließlich im Juni innerhalb des Gatters einen Platz fanden, der nicht (mehr?) verteidigt wurde (das Einschlafen der territorialen Verhaltensweise im Juni mag hier mitgespielt haben). An dieser Stelle versuchten sie dann als zweijährige Böcke selbst ein Territorium zu etablieren und hatten damit fast immer Erfolg – falls die Gegend nicht zu dicht besiedelt war. Wo also durch totale Besetzung eines Gebietes mit älteren Böcken kein Platz ist für gute Jährlinge, müssen diese auswandern.«

Unter diesem Aspekt erscheint es mir auch fraglich, ob es immer sinnvoll ist,

mit dem Abschuß der älteren Böcke zuzuwarten. In den – nach gegenwärtig herrschender Auffassung – ›gutgehegten‹ Revieren ist es eher die Praxis, zunächst einmal unter den Jährlingen kräftig aufzuräumen und sich die älteren Böcke für die Blattzeit aufzuheben. Wäre es nicht sinnvoll, auch einmal für die besten Jährlinge Territorien bereitzustellen – also den einen oder anderen Bock frühzeitig zu erlegen?
Zahl und Umfang von Jährlingswanderungen hängen also auch von den absoluten Besiedlungsdichten ab. Wo es kaum Möglichkeiten gibt, in der Nachbarschaft eine ruhige Ecke zu erringen, gibt es für Jährlinge nur die Möglichkeit, sich ›devot‹ zu verhalten oder aber mehr oder weniger mit allen Altböcken zu plänkeln, bis deren Aggressivität im Sommer nachläßt. Umgekehrt wird ein Altbock-Territorium ganz zwangsläufig kleiner, wenn dessen Inhaber sich permanent gegen eine ganze Reihe von Jährlingen als Platzbock zeigen muß. Daß ein solches Zusammenleben ganz sicher zu Lasten der körperlichen Entwicklung der gestreßten und körperlich hoch geforderten Jährlinge geht, ist klar.
Starke Jährlinge messen ihre Kraft aber nicht nur an älteren Böcken. Die bei diesen gesammelten Erfahrungen werden, erst spielerisch, bald auch herrisch gegen die Jahrgangsgenossen eingesetzt. Also nochmals eine Beschneidung der Zeit für ruhiges Äsen und Wiederkäuen. Wirklich starke Böcke wachsen unter diesen Umständen wenige heran. Nicht selten muß sich ein solcher Jährling auch im nächsten Jahr – als Zweijähriger – mit einer Rolle als Geduldeter begnügen.
Für den Jäger lautet die Quintessenz: Wer beim Abschuß seiner Jährlinge allzu ängstlich ist, schickt zwangsläufig die besten aus dem Revier; wo sie nicht weichen können, verurteilt er sie zum Kümmern.

Von Ansprechmerkmalen und was sie uns (nicht) sagen

Toleranz auch unter Jägern

Geht es um das Ansprechen, berührt man bei den meisten Jägern eine – ja eigentlich die – jagdliche Tabuzone. Wohin mich mein Weg als Berufsjäger, Mitläufer oder Jagdgast auch führte, überall wurde mir schon beim ersten Schritt über die Revierschwelle betont und ungefragt versichert, wie ernst und überaus wichtig man es mit dem Ansprechen nehme. Ich will solche Versicherungen keinesfalls als ausgemachte Heuchelei abtun. Aber wer jagdlich etwas herumkommt, darf auch zwangsweise etwas hinter die Kulissen schauen. Da kommen dann halt doch Zweifel auf. Und überdies: Man nehme sich die jeweils ortsgültigen Abschußrichtlinien und wandere damit durch die doch auch als Lehrveranstaltungen gedachten Trophäenschauen...

Ansprechen muß von Ehrlichkeit und Realität getragen werden, darf sich weder in Mystik noch in reine Zweckspekulation verlieren. Gewiß, es gibt Kriterien, die wir beachten müssen und auch können. So ist es eigentlich selbstverständlich, daß wir den Kitzen nicht die Geiß wegschießen – gerade hier erlebte ich von selbsternannten Ansprechkünstlern manche Enttäuschung. Es ist auch selbstverständlich – einfach logisch! –, daß wir ein erkennbar schwaches Reh bevorzugt schießen. Nicht selten wird sich das optisch schwache Reh nach dem Schuß aber trotz aller Ansprechkunst als das stärkere erweisen. Darauf komme ich später noch. Trotzdem!

Niemand zwingt uns dreijährige Rehböcke zu schießen, wenn fünfjährige unserem persönlichen Geschmack mehr entsprechen – solange unser Rehwildbestand insgesamt in Einklang mit seinem Lebensraum steht! Wir sollten in diesem Punkt aber auch tolerant sein gegenüber ›Andersdenkenden‹, und wir dürfen aus der Altersbestimmung mittels Unterkiefer kein Evangelium machen wollen. Warum, auch das sei später noch ausführlich erläutert.
Erinnern wir uns doch zunächst einmal einzelner Ansprechkriterien. Für die Böcke – die sind den meisten Jägern besonders wichtig – gibt es weit mehr als für die Geißen. Dabei soll der sogenannte Wahlabschuß der genetischen Veredlung dienen. Was nun dieses genetische Potential betrifft, so sind doch aber die Weibchen (auch bei uns Menschen!) gleichrangig an der Vererbung beteiligt. Es ist also durchaus unlogisch, sich hier ganz und sogar kleinlich auf die männlichen Teile, die Böcke, zu konzentrieren.

Blattzeitbegegnung. Übrigens – würden Sie den Kapitalbock schießen? Ist er 3jährig und damit eine »Todsünde« oder gar 4jährig und damit ein »verdienter Erntebock«? Anhand welchen Merkmales stellt die »Trophäenkommission« das Alter denn fest, wenn sie weiß, daß auf den Unterkiefer kein Verlaß ist? Nach welchen Kriterien werden die Roten Punkte wohl verteilt?!

Jährlinge sind einfach...

Woran erkennen wir das Alter unserer Rehböcke? Fangen wir bei den Jährlingen an, denn die sind in der Tat noch am sichersten anzusprechen. Noch immer spukt in vielen Jägerhirnen das Vorurteil, Jährlinge hätten in der Regel rosenlose Stangen, und Jährlingsstangen seien grundsätzlich schwach, meist Spieße, gelegentlich Gabeln und nur in seltensten Ausnahmefällen Sechserstangen. Außerdem sei die Figur eines Jährlings einfach unverkennbar – nichts leichter als das...
Was die fehlenden *Rosen* betrifft, so kann ich leicht das Gegenteil beweisen. Die allermeisten Jährlinge, selbst viele ›Knopfer‹ sind mit Rosen ausgestattet. Das ist beim Rehbock eben anders als beim Rotspießer. (Das rosenlose Erstlingsgeweih trägt meist schon das Bockkitz im Spätherbst.) Es gibt andererseits aber auch nicht wenige rosenlose ältere Böcke! Der bewußte Rehwildheger weiß das längst. Einige Beispiele für die Unzuverlässigkeit dieses Altersmerkmales finden wir auf Seite 33. Daß immer noch so viele Jäger dieses Vorurteil nachbeten, liegt an ihrer Bequemlichkeit. Hat so ein zierlich schwacher Bockjüngling Rosen, wird er automatisch zum Zweijährigen erhoben. Nur selten macht man sich die Mühe, nach dem berühmten ›P 3‹ zu schauen. Auch

gute *Perlung* ist bei gesunden Jährlingen keine allzu große Seltenheit. Genau so, wie sie umgekehrt bei älteren guten Böcken fehlen kann. Und das mit den Spießen ist auch so eine Sache. Von der genetischen Voraussetzung, der Veranlagung her, sind wohl die meisten Rehjünglinge zu ›höherem‹ befähigt. Jährlingsgabler sind auch in mäßigen Revieren meist häufiger anzutreffen als Spießer. Nur ist es äußerst bequem, sie postmortal zu schlechten Zweijährigen zu befördern... Sechserjährlinge sind auch nicht ausschließlich das Produkt von ›Herbstmastsimulationen‹, sondern in ordentlichen Revieren außerhalb des Hochgebirges mit mindestens 20% in ihrer Altersklasse vertreten. Auch sie findet man zuweilen mit den Unterkiefern ihrer älteren Brüder als Hegeabschüsse auf den Trophäenschauen.

Besonders eindrucksvoll hat Herzog Albrecht v. Bayern in seinem Buch ›Über Rehe in einem steirischen Gebirgsrevier‹ demonstriert, wozu Jährlinge befähigt sind, wenn, ja wenn sie nur genug geeignete Äsung finden – und auch als Jährlinge erkannt werden. Mit vielen dieser herzoglichen Jährlinge hätte der bundesdeutsche Rehjäger seine Ansprechmühen, denn wer hält bei uns ein Durchschnittsgewicht der Jährlingsabwürfe von 102 g für möglich oder wer würde gar hinter einem regelmäßigen Achterbock einen Jährling vermuten!? Spieße und Gabeln sind folglich keine Jährlingsausweise.

Wäre noch des *Jährlings Figur* als untrügliches (?) Zeichen der Jugend. Gewiß, von allen Böcken haben die Jährlinge immer noch die auffälligste Figur, besser gesagt, sie haben noch gar keine Figur. Aber auch hier gibt es genügend Ausnahmen, und diese mehren sich überall dort, wo überhöhte Rehwildbestände reduziert werden. Wir müssen folglich vermehrt mit ihnen rechnen. Dünner Träger und ein kindliches Gesicht sind eher für die unterentwickelten Jährlinge typisch. Es gibt durchaus Jährlinge, bei denen man rätseln muß, ob es sich nun um einen ein-, zwei- oder gar dreijährigen Bock handelt.

In meinem Isnyer Dienst-Revier betrug das bahnfertige Durchschnittsgewicht der mehrjährigen Böcke 1973 17,5 kg. Infolge der Fütterung – und des gleichzeitigen, erheblich verstärkten Abschusses(!) – waren die Jährlinge insgesamt ›großrahmiger‹, was sich deutlich in der Schädellänge, vor allem aber im Gewicht niederschlug. Zwar betrug das Durchschnittsgewicht der Jährlinge nur 14,0 kg. Ursache für dieses relativ niedrige *Durchschnittsgewicht* waren aber sicherlich die zahlreichen Zuwanderer (siehe ›Wandern und wohlfühlen‹) aus den noch dichter besetzten Nachbarrevieren ohne unsere Intensivfütterung. Die eigenen Jährlinge brachten bahnfertig bis zu 20 kg auf die Waage. Jeder Jäger mag sich vorstellen, wie schwer das Ansprechen wird, wenn ein dreijähriger Bock mit vielleicht nur 15 kg neben einem Jährling mit 20 kg steht, zumal dann, wenn sie sich im Geweih ebenbürtig sind.

Gerade die besten Jährlinge ähneln nach Figur und Gewicht den Zwei- und Dreijährigen. Nur selten jedoch stimmen beim Jährling Gewicht und Geweih miteinander überein. Der 18-Kilo-Jährling trägt unter Umständen nur Spieße, vielleicht sogar nur Knöpfe; alles möglich! Für seine spätere ›Laufbahn‹ scheint

Wer würde einen solchen Bock als Jährling ansprechen? Die Ohrmarke weist ihn aus. Viele »hegenden« Jäger lassen solche frühreife Jährlinge von den älteren Böcken in die Nachbarreviere jagen...

aber das Körpergewicht wichtiger zu sein als das seines Geweihs. Aus dem Jährlingsknopfer – ist er ansonsten gesund und stark – kann schon im nächsten Jahr einer der besten Zweijährigen werden. Eher sind da die Rosenstöcke – ihr Durchmesser – von Bedeutung.
Es gibt aber auch Gegenden, in denen, auch bei geringem Wildbestand, sehr viele Jährlinge nur Knöpfe tragen. Ich meine die Rehe der Kampfzonen, jene im fütterungslosen Hochgebirge. Sie müssen alle Energie in den Körperaufbau stecken. Das Gehörn wird zum entbehrlichen Luxusartikel. Nur wenige Jährlinge überleben. Es handelt sich um eine anspruchslose Form, die in den mageren Umweltbedingungen jener Landschaft ihr Auskommen findet. Aus ihnen macht auch der schroffe Zahlabschuß keine feisten Feldrehe.
Noch ein Kriterium soll es geben, nach dem wir die Böcke altersmäßig einordnen können: die *Gesichtsmaske.* Jährlinge haben nach dieser Theorie ein buntes Gesicht. Stimmt – immer dann, wenn sie kein ausgesprochen schwarzes, graues oder sonstwie gefärbtes haben. Eine sichere Regel gibt es auch hier nicht.
Da stellt sich die berechtigte Frage, was wir denn in dieser Klasse nun überhaupt schießen sollen und können? Albrecht v. Bayern beantwortet sie ebenso kurz wie treffend: »Vor allem genug!«

Die älteren Böcke

Daß die Gesichtsmaske kein ernstzunehmendes Alterskriterium ist, wurde eben schon gesagt. Das gilt nicht nur für die Jährlinge. Der *Muffelfleck* ist eben auch nicht das typische Kennzeichen eines Dreijährigen. Jährlinge wie auch wesentlich ältere Böcke können ihn haben, und auch das graue ›Altersgesicht‹ kommt so ziemlich in allen Altersklassen vor, wenn auch mit unterschiedlicher Häufigkeit.

Selbst habe ich früher sehr auf die *Stirnlocken* geachtet, in der Annahme, sie seien ein Alterszeichen, etwa ab dem fünften Lebensjahr. In der Tat hatten alle damals von mir erlegten und mindestens vierjährigen Rehböcke Stirnlocken. Allerdings war die Zahl derartiger von mir erlegter Böcke eher gering, damit wenig aussagekräftig. Aber das ist ja heute das Problem vieler Jäger: Sie haben nur noch bescheidenste Jagdgelegenheit und neigen dazu ihre ›Zufallsbefunde‹ zu generalisieren! Stirnlocken mögen auch lokal mehr oder weniger häufig vorkommen. In späteren Jahren, als nicht nur meine eigene Rehbockstrecke die hundert überschritten hatte, sondern auch ungezählte Rehböcke in meiner Begleitung durch Gäste geschossen worden waren – als genug Material vorlag(!) – konnte ich in keinem Revier Zusammenhänge zwischen Mindestalter und Stirnlocken feststellen. Allerdings ist mir kein ein- oder zweijähriger Bock in Erinnerung, der solche gehabt hätte.

Da wäre dann noch die *Form der Rosen.* Wirklich alte Böcke sollen angeblich Dachrosen haben. Das kann so sein, es muß nicht. Vor allem aber haben gelegentlich auch noch recht junge Böcke Dachrosen. Daß die Rosenform kein eigentliches Altersmerkmal sein kann, geht schon aus dem Umstand hervor, daß sich die Rosenform eines bestimmten Bockes sprunghaft nach jeder Seite hin verändern kann. Ein Bock kann als Dreijähriger, ja selbst als Zweijähriger

Wo ordnen wir ihn denn ein in unserer »Zuchtkartei«? Als was wollen wir ihn sehen, als Objekt oder als Wesen?

Dachrosen haben und als Vierjähriger wieder ›jugendliche‹ Kranzrosen. Genauso umgekehrt. Wer unbedingt an die Rosentheorie glauben will, dem sei empfohlen, sich einmal aufmerksam die Gehörne auf den Trophäenschauen zu betrachten. Nur ein relativ kleiner Teil der als fünf- und mehrjährig bezeichneten Böcke kann mit Dachrosen aufwarten. Eher, so scheint mir, werden die Drei- und Vierjährigen, die halt gerade zufällig Dachrosen haben, aufgrund dieser zu Altböcken hochstilisiert. Auch Albrecht v. Bayern konnte die ›Rosentheorie‹ anhand des in Weichselboden gewonnenen Materials ad absurdum führen. Einige Beispiele dafür, wie wenig Alter und Rosenform zusammenhängen, sind die Bilder auf Seite 37.

Ähnlich verhält es sich mit dem *Färbezeitpunkt:* »Junge Böcke verfärben zuerst, die ältesten zuletzt!« Richtig daran ist eigentlich nur, daß Jährlinge meist vor dem Fegen verfärben und in der Regel so um den 20. Mai herum rot sind. Allerdings gibt es auch Jährlinge, die selbst Anfang Juli noch nicht vollständig gewechselt haben; eher sogar als dies bei älteren Böcken der Fall ist. Doch geht solche Spätverfärbung der Jährlinge fast immer auf eine deutliche schlechte Verfassung zurück, so daß wir den Bock schon vom ganzen Typ her meist richtig einzuordnen vermögen. Trotzdem bleibt festzustellen, daß einzelne ältere Böcke bereits rot sind, während die meisten Jährlinge noch nicht voll verfärbt haben. Genaue Aufzeichnungen über Fegetermin und Haarwechsel hat Ellenberg im Rehgatter Stammham gewonnen (s. Übersicht S. 34).

Bei den zwei- und mehrjährigen Böcken scheint es völlig unmöglich, aus dem Zeitpunkt des Frühjahrshaarwechsels auf das Alter zu schließen. Für den praktischen Jagdbetrieb will man ja vor allem wissen, ob ein bestimmter Bock nun noch zur Mittelklasse oder schon zur Altersklasse gehört. Dies zu bestimmen versagt die Färbetheorie, weil eben der wirklich alte Bock vor dem jungen rot sein kann.

Wölfel hat in der Zeitschrift ›Jäger‹, Heft 8/87, auf diese Unwägbarkeiten hingewiesen und sie eindrucksvoll demonstriert. Vor allem hat er die Färbetheorie auch für das weibliche Wild ad absurdum geführt. Daß dennoch ein kleiner Kern von Wahrheit in ihr steckt, betont Wölfel ausdrücklich: »Richtig ist, daß ältere Böcke in der Mehrzahl den Haarwechsel später vollziehen als jüngere. Falsch dürfte aber sein, daß dies aufgrund ihres höheren Alters geschieht. Vielmehr muß es heißen, daß Böcke mit stärkerem Gehörn später verfärben. Und das sind nun eben in der Mehrzahl die älteren Individuen. Schiebt aber beispielsweise ein zweijähriger Bock besonders stark, so wird bei ihm der Haarwechsel ebenso zurückbleiben wie beim kapitalen Fünfjährigen.«

Daraus folgt, daß uns genau diese Färbetheorie dazu verleitet, bestaufhabende junge Böcke zu erlegen – sie sind ja noch ›eisgrau‹. Sie bewirkt folglich eher das Gegenteil von dem, was wir von ihr erwarten. Es ist ja auch ganz logisch: Gehörnaufbau *und* Haarwechsel kosten Kraft. Wer sich bei ersterem verausgabt, muß zunächst Kräfte sammeln.

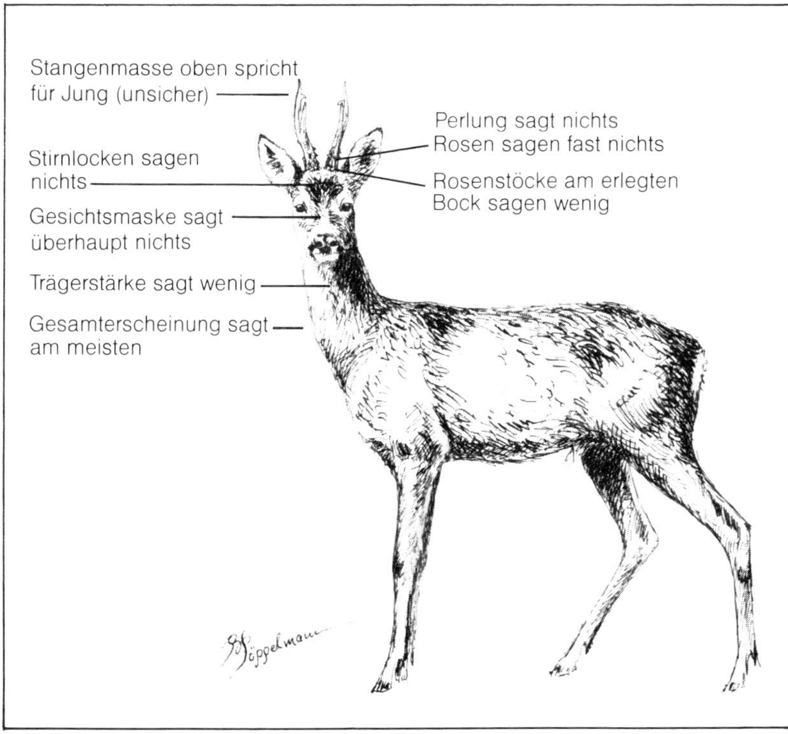

Ansprechmerkmale beim Rehbock und ihre Zuverlässigkeit.

Auch NEUHAUS [1978] verneint die Zuverlässigkeit des Färbezeitpunktes als Mittel der Altersschätzung: »Auch der Termin des Verfärbens ist bei beiden Geschlechtern stark witterungsabhängig und daher fließend... Frühes Verfärben im Mai kann aber in allen Altersklassen lediglich als ein Zeichen guter Kondition gewertet werden. Insbesondere nach milden Wintern nehmen die Regelwidrigkeiten zu, indem ältere Böcke früher verfärben, während Knopfböcke und bestveranlagte Einjährige noch eselgrau sind.«

Der Färbezeitpunkt hängt neben dem übrigen Kräfteverzehr wie Geweihaufbau, Fötus und Laktation stark von der Witterung ab. Aus diesem Grunde begann ja die Schußzeit der Rehböcke im Hochgebirge zwei Wochen später als im restlichen Bundesgebiet. Große klimatische Unterschiede gibt es nicht nur von Jahr zu Jahr, sondern auch innerhalb eines Revieres. Gerade im Gebirge (auch im Mittelgebirge) finden wir neben ausgesprochen kalten Schattlagen auch warme (und äsungsreichere) Sonnlagen. So vermag bereits der Standort einer Winterfütterung oder der inzwischen erkämpfte oder traditio-

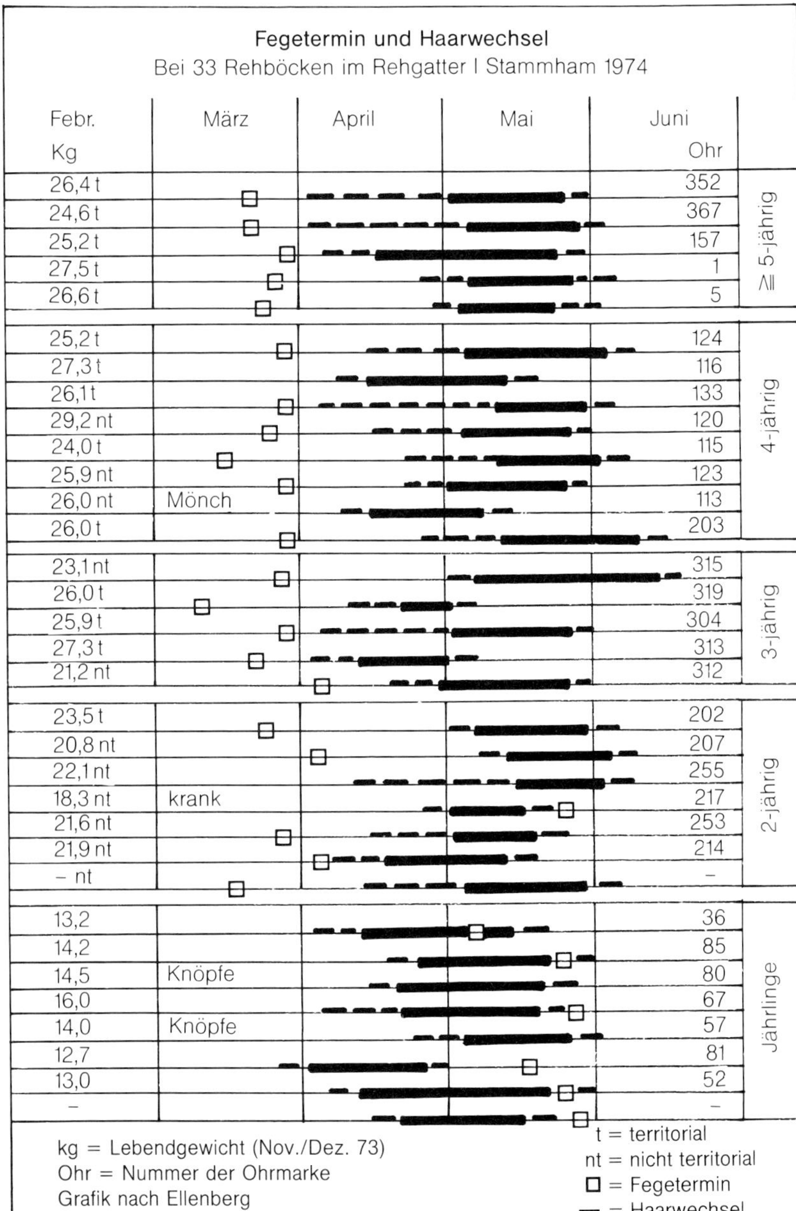

Fegetermin und Haarwechsel versagen als Hilfsmittel zum Schätzen des Alters freilebender Böcke, Rehgatter Stammham 1974.

nelle Einstand, letztlich die körperliche Gesamtkonstitution Einfluß auf den Färbezeitpunkt nehmen. Insgesamt scheinen Faktoren und Zufälligkeiten groß zu sein.
Auch der *Fegetermin* scheidet als Altersmerkmal fast völlig aus. Richtig ist nur, daß die Jährlinge meist erst nach dem Haarwechsel fegen und damit gut sechs bis sieben Wochen später als die mehrjährigen Böcke. Bei den Zweijährigen kann es einzelne Ausnahmen geben. In der Regel fegen sie aber zusammen mit den älteren Böcken.
Der Fegetermin ist abhängig vom Hormonhaushalt und kündigt sich meist durch das Wangenreiben an. Sobald die Schmerzempfindlichkeit des Bastes erlischt, wird gefegt. Dieser Vorgang ist an einem Tag, meist aber in wenigen Stunden abgeschlossen. Bei uns im Allgäuer Voralpenland fegt der Großteil der mehrjährigen Böcke in der letzten Märzwoche, der kleinere Teil in der ersten Aprilwoche. Frühere oder spätere Fegetermine sind die Ausnahme. Trotzdem finden wir in der Literatur gelegentlich immer noch den Lehrsatz: »Jung verfärbt zuerst, alt fegt zuerst.«
Wer bestimmt nun den Fegetermin? Nun, zunächst muß der Geweihaufbau abgeschlossen sein. Dieser erfolgt so, daß auf den Rosenstöcken ein knorpelartiges Gebilde aufgebaut wird, in dem erst in der zweiten Phase Kalk eingelagert wird. Aus den Knorpelzellen werden allmählich Knochenzellen. Ist dieser Prozeß beendet, versiegt die Blutzufuhr und die Basthaut hat ihre Funktion erfüllt – sie erschlafft. Jetzt wird gefegt. Der zeitliche Ablauf des Geweihaufbaues hängt natürlich vom vorausgegangenen Abwurf des vorjährigen Geweihes ab, daneben aber auch von inneren und äußeren Bedingungen. Die Abwurftermine wiederum, das werden wir später noch sehen, hängen aber ebenfalls nicht vom Alter des Bockes ab, sondern sind individuell verschieden und können auch bei ein und demselben Bock von Jahr zu Jahr variieren. Somit bestimmen eine ganze Reihe, meist äußerer Faktoren per Zufall über den Fegetermin.

> Ich weiß, es läuft dem Geist des freien, unbeschwerten Jagens zuwider, aber wir Jäger könnten uns – jeder einzelne für sich – von mancher vorgebeteter Schulmeinung trennen, würden wir uns der Mühe unterziehen, draußen im Revier auch etwas mit Notizblock und Bleistift zu ›jagen‹.

Wie ist es nun mit dem *Abwurftermin?* Er läßt sich ja im Durchschnittsrevier kaum feststellen? Er hat auch auf den Bockabschuß keinen Einfluß mehr, es sei denn insoweit, als er die Schußzeit beendet. Trotzdem hält sich hartnäckig der durch ganze Lehrbuch-Generationen nachgebetete Lehrsatz: »Der alte Bock wirft zuerst ab, der junge zuletzt!« Wer nun tatsächlich wann abwirft, ist schwer festzustellen. Allenfalls im Gatter oder in freier Wildbahn bei ungewöhnlich großer Zahl markierter und von hauptamtlichen Kräften beobachteten Rehen.

Albrecht v. Bayern liefert auch hier aussagekräftiges Material. Seine Böcke in Weichselboden warfen etwa zwischen dem 2. Oktober und dem 16. Januar ab. Dabei ist besonders interessant, daß die im Geweih stärksten Böcke seines Revieres sowohl unter den Erstabwerfern als auch unter den ausgesprochenen Spätabwerfern zu finden sind. Auch nach dem Alter verteilen sie sich völlig willkürlich. So warfen zweifelsfrei alte Böcke (7 und 6 Jahre) in der ersten Oktoberhälfte ab. Ein siebenjähriger Bock sogar als erster am 2. Oktober! Umgekehrt war unter den Spätabwerfern im Januar noch ein fünfjähriger Bock. In der Tendenz ist nur zu erkennen, daß Jährlinge – in der Regel – spät, meist nach dem 15. Dezember abwerfen. Die meisten Stangen fielen in Weichselboden zwischen dem 15. November und dem 15. Dezember.
Diese Erfahrungen konnten wir auch in Isny bestätigen, wo mittels Pendelklappen an den Fütterungen und mit Hilfe eines Hundes intensiv Abwurfstangen gesucht und gefunden wurden. Es ist aber durchaus möglich, daß sich in anderen Landschaften auch andere Abwurfschwerpunkte zeigen.
Übrigens hatte in meinem derzeitigen Dienstbezirk im Jahre 1987 ein nachweislicher Jährling bereits am 21. September einseitig abgeworfen. Damit komme ich zu einem anderen Punkt, nämlich der Frage, in welchem zeitlichen Abstand ein Bock seine beiden Stangen wirft. Wir haben in Isny viele Paßstangen nebeneinander in oder neben der Fütterung liegend gefunden. Solange noch kein hoher Schnee lag, wurden die Fütterungen fast täglich kontrolliert. Damit war sichergestellt, daß auf solche Weise gefundene Paßstangen nicht im Abstand mehrerer Tage geworfen wurden. Umgekehrt sind mir in den verschiedensten Revieren Böcke begegnet, die eine volle Woche mit einer Stange herumliefen. Diese Erfahrungen decken sich durchaus mit jenen anderer Jäger. Albrecht v. Bayern spricht sogar von mehreren Wochen. Jedenfalls scheint es mit den Rehböcken anders zu sein als mit den Hirschen. Eine feste Regel gibt es nicht.
Immer wieder wird darauf hingewiesen, daß letztlich die Summe der Einzelkriterien, insbesondere aber dessen Figur über das Alter eines Bockes Aufschluß gebe.
Nun ist das bei den Rehen nicht anders als bei uns Menschen. Es gibt unabhängig von der Nahrung – große und ausgesprochen kleine. Zwar wird mit der zur Verfügung stehenden Nahrung auch der Rahmen und der Gewichtsstandard gehoben. Trotzdem können wir die Rehe – auch in kontrollierten Rehfarmen – nicht normen. Bei den Jährlingen wurde schon darauf hingewiesen, daß manche bereits einen starken Träger zeigen und leicht mit einem Zweijährigen verwechselt werden können. Nun ist ja ›klein‹ nicht gleichzusetzen mit schwach, unterernährt oder krank, und über das schlummernde Genpotential sagen Größe und Gewicht eines Rehes fast überhaupt nichts aus.
Auch die Proportionen eines Wildkörpers, der Vorschlag etwa, müssen nicht unbedingt alterstypisch sein. Auch unter uns Menschen gibt es die unterschiedlichsten Typen. Solche mit kurzem, dickem Hals oder mit ausgespro-

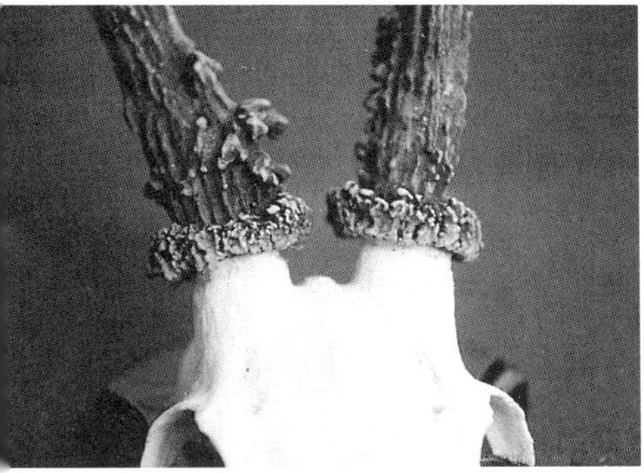
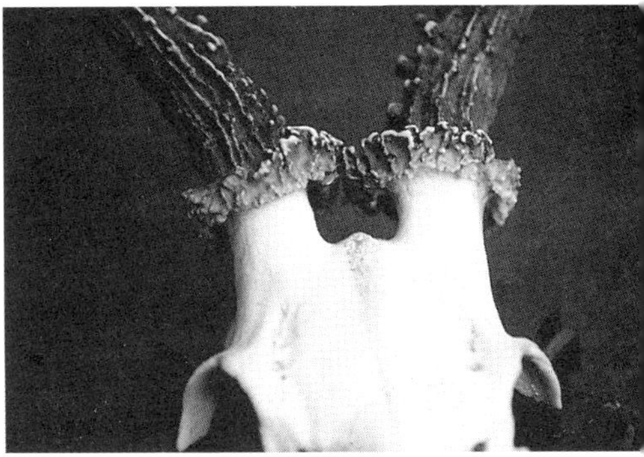

Zwei ganz alte aus Isny, mit jugendlichen Kranzrosen und unterschiedlich starken Rosenstöcken.

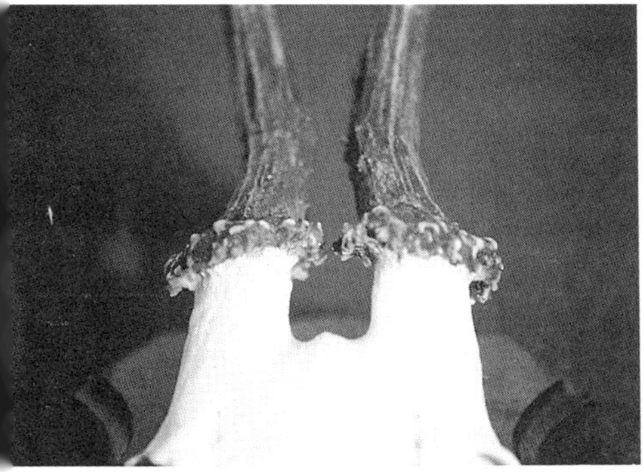
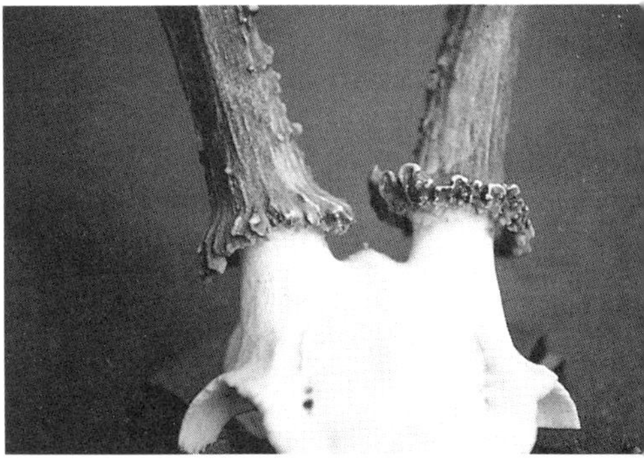

Zwei 3jährige (nach Unterkieferbefund), links mit starken Rosenstöcken und tiefen Dachrosen, rechts mit Dach- und Kranzrose.

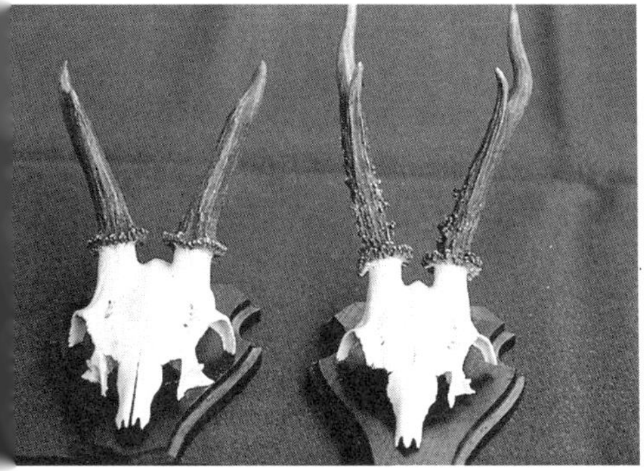

Zwei 2jährige (nach Unterkieferbefund), links mit dicken Rosenstöcken und Dachrosen, rechts mit dünnen Rosenstöcken und Kranzrosen.

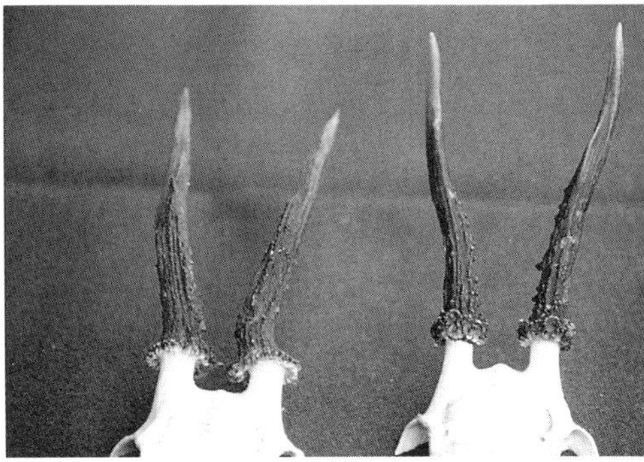

Zwei Böcke, links Jährling mit angedeuteten Dachrosen, rechts ein 4jähriger (nach Unterkieferbefund) mit ganz dünnen Rosenstöcken und Kranzrosen.

chen dürrem, an dem sich jede Ader durchdrückt. Mit den Bäuchen der alten Herren ist es ähnlich – sie kommen nicht selten schon bei Menschen unter dreißig vor. Dagegen sind viele ältere Herren ausgesprochen schlank, obwohl sie sich bestens ernähren. Wie beim Menschen spielen auch bei den Rehen viele Dinge eine Rolle; etwa Veranlagung, Fähigkeit der Nährstoffverwertung, der Hormonbildung usw. In besonderem Maße aber die frühe Jugendentwicklung. Auch unsere Wohlstandsgeneration, aufgewachsen mit einem Überfluß an Eiweiß und Kohlehydraten, wurde fast ausnahmslos größer als es die Eltern waren. Der Unterschied liegt nur darin, daß der ›Lebensstandard‹ bei den Rehen nicht so ausgeglichen ist wie bei uns Menschen. In der Rehgesellschaft finden sich folglich die Vertreter der unterschiedlichsten Typen.
Auch wenn nicht bestritten werden soll, daß Jährlinge fast immer deutlich schlanker, graziler sind als ältere Böcke, so ist bei letzteren eine Altersansprache nach der Figur doch nur sehr grob und unzuverlässig möglich. Ganz und gar unmöglich erscheint mir der Versuch, über solche Kriterien die Böcke in Jahrgänge einordnen zu wollen.

Den Ansprechkünstlern sei hier ganz ernsthaft empfohlen, sich sommers einmal in ein Straßencafe zu setzen und die dort vorbeiflanierenden Menschen auf normale ›Schußentfernung‹, also so zwischen 50 und 100 Metern, auf ihr Alter hin anzusprechen; möglichst jene, von denen sie das Gesicht nicht sehen. Sie werden sich wundern! Nun wird aber niemand ernsthaft bestreiten wollen, daß uns die eigene Art weit vertrauter ist als die der Rehe.

Der Vergleich einzelner Rehe miteinander bietet sich nicht immer. Häufig sehen wir sie auch erst in einem eher zweifelhaften Licht. Doch selbst wenn sich Vergleichsmöglichkeit bietet, gibt es immer noch die oben angeführten individuellen Unterschiede. Zu ihnen gehört auch die Haarform. Nicht alle Rehe haben eine kurze, glatte Sommerdecke. Es gibt ausgesprochen ›langhaarige‹ Vertreter, deren Haar ›aufträgt‹. Andere hingegen laufen im engen ›Trikot‹ umher. Zudem ändert sich nichts so sehr im Aussehen wie ein sich ständig bewegender Körper.

Altersabhängige Verhaltensmerkmale

Im Gegensatz zur Körperform scheinen mir Verhaltensmuster mehr Altershinweise zu liefern. Allerdings auch nur mit gewissen Einschränkungen.
Jährlinge werden von älteren Böcken meist verjagt, unterdrückt und sind nicht territorial. Wir haben aber im Kapitel ›Wandern und Wohlfühlen‹ gesehen, daß in erster Linie die stärkeren – erwachsen wirkenden – Jährlinge auswandern müssen und sich zuweilen auch von jedem älteren Bock, dem sie begegnen,

Rehe täuschen uns durch ihre Körperhaltung und durch Vergleichsmöglichkeit über ihr tatsächliches Gewicht.

einzeln bestätigen lassen, daß tatsächlich er (noch) der Stärkere ist. Ein frühreifer Jährling kann durchaus schon einmal einen mickrigen Zweijährigen durch die Botanik jagen. Ganz schnell wird er dabei selbst zum mickrigen Zweijährigen erklärt und – erschossen. Typisch hat er sich dann jedenfalls nicht verhalten.

Bei den älteren Böcken hängen die Verhaltensmuster, insbesondere ihre Aggressivität, von vielerlei Faktoren ab. Teils wohl auch von der individuellen Veranlagung, dann aber von der Siedlungsdichte, vom Streß usw. Auch muß nicht jeder ältere Bock territorial sein und nicht jeder territoriale Bock alt. Wer Gelegenheit hat, ausgiebig Rehböcke zu beobachten (und als ›Beweisstücke‹ zu erlegen!), der kennt jene verdrückten, schwachen Gestalten, die überall gejagt werden, kuschen müssen und meist nicht viel mehr auf dem Schädel haben als ein durchschnittlicher Zweijähriger. Sie werden nach der Erlegung zuweilen als recht alte Bewohner des Reviers erkannt. Vielfach sind äußerlich kaum mehr erkennbare Verletzungen die Ursache.

Es ist auch unrichtig, daß alte Böcke besonders häufig und heftig fegen oder plätzen, oder daß Böcke mit starkem Geweih besonders dicke Hölzer befegen. Eher scheint es mir in der Tendenz umgekehrt zu sein. Nämlich mit den oben angeführten Einschränkungen, daß es meist jüngere Böcke sind, die ihre ›Autorität‹ besonders deutlich herauskehren. Ich nenne sie die ›Unterinspektoren‹, weil sie mich an junge Sachbearbeiter beim Finanzamt erinnern, die meine Einkommensteuererklärung verzweifelt nach der kleinsten Unkorrektheit absuchen. Einer unserer heftigsten Feger und Plätzer entpuppte sich unzweifelhaft als Jährling.

Wir sollten uns bei der Beurteilung von solchen Verhaltensmustern daran erinnern, daß es auch selten alte Böcke sind, die nach einer Störung lange und anhaltend schrecken. Übrigens ist die *Stimmlage* auch kein sicheres Merkmal. Es gibt eben in allen Altersklassen Tenöre.
Der kritische Leser wird spätestens jetzt berechtigt fragen, wozu die seitenlangen Analysen über Altersmerkmale der Rehböcke, wenn unterm Strich letztlich wenig brauchbare Merkmale übrig bleiben? Ganz einfach: Zum längst fälligen Abbau teils völlig sinnloser, überholter Vorstellungen und Lehrmeinungen, aber auch um zu zeigen, mit welch sinnlosen Forderungen der Staat uns Jäger in manchen Bundesländern noch belastet. Jeder Jäger mag am einzelnen Bock seine Altersstudien treiben – spekulieren. Es grenzt aber fast an Unverschämtheit, wenn uns dieser Staat ›Trophäenhege‹ vorwirft und über viel zu hohe Rehwildbestände klagt, andererseits aber verlangt, der Jäger solle am lebenden Reh gewissermaßen dessen Personalien aufnehmen. Und solange wir Jäger teilweise selbst noch an solch überholten Forderungen festhalten, dürfen wir uns nicht wundern, wenn unsere Kritiker und teilweisen Gegner die Trophäenschauen schlicht als entbehrlichen faulen Zauber bezeichnen und ihre Abschaffung verlangen!

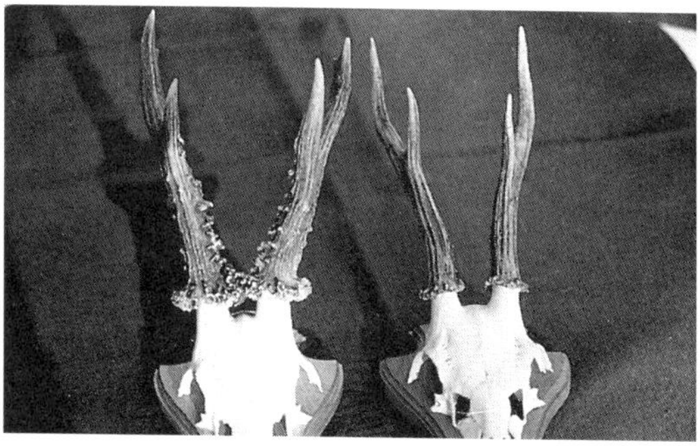

Zwei 3jährige (nach Unterkieferbefund), mit und ohne Perlung.

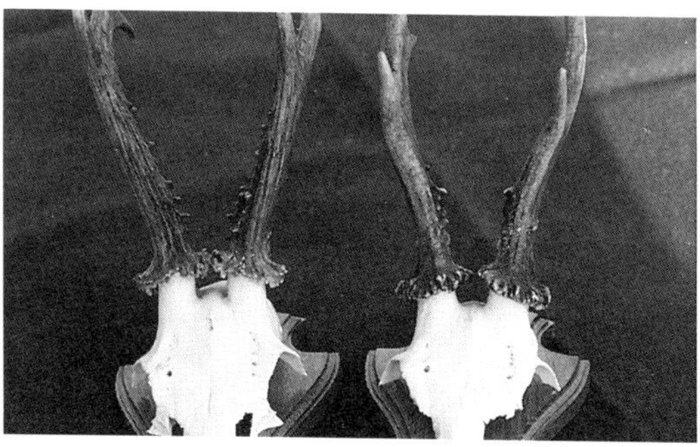

Zwei Böcke mit Dachrosen, links ein 2jähriger (nach Unterkieferbefund), rechts ein 5–7jähriger (nach Unterkieferbefund).

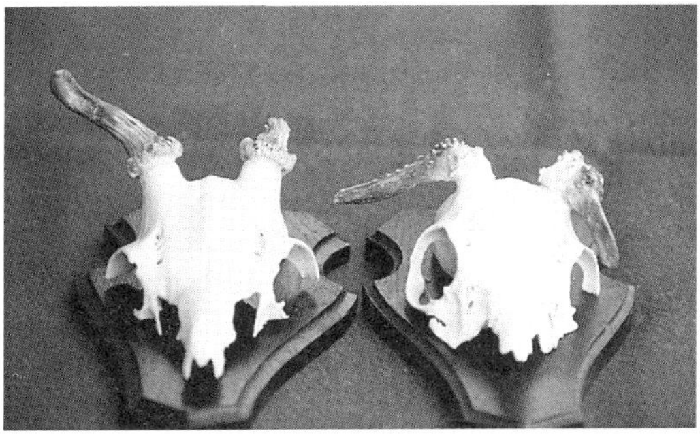

Zwei Abnorme, links ein 7jähriger (nach Unterkieferbefund), rechts ein Jährling (nach Unterkieferbefund).

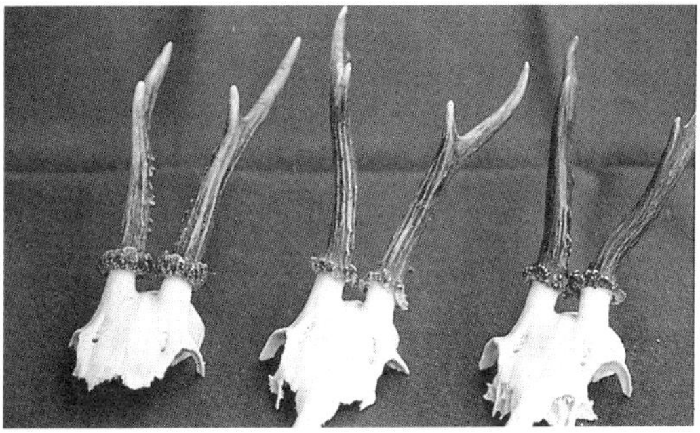

Drei gute Jährlinge, der mittlere mit Dachrosen.

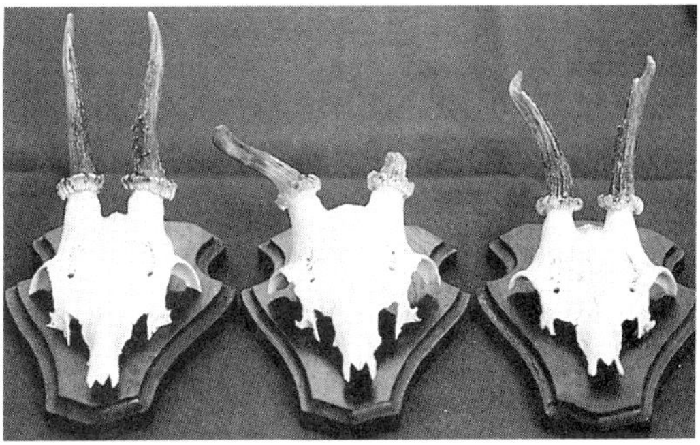

Drei alte Böcke mit Kranzrosen und Jährlings-Körpergewichten.

Geißen und Kitze – Alter und Gewicht

Bei den Geißen ist das alles noch um einige Nuancen unsicherer als bei den Böcken. Es gibt gar nicht viele Kriterien, und die meisten sind unzuverlässig. Gelegentlich wird empfohlen, im Frühsommer schon die Färbetermine zu notieren. Das wäre sinnvoll, wenn die Färbung direkt mit dem Alter oder zumindest sicher mit dem Gesundheitszustand zusammenhängen würde und die Rehe numeriert wären. Ansonsten nicht.

Nach Untersuchungen von Wölfel hängt bei den Geißen der *Zeitpunkt des Rotwerdens* in erster Linie davon ab, ob sie Kitze führen, dann, in welchem körperlichen Zustand sie aus dem Winter gekommen sind. Daraus resultiert freilich, daß Schmalgeißen – in der Regel – vor ihren Müttern rot werden. Aber auch die ältere Geiß – ja selbst die wirklich alte! – kann sehr früh rot werden, wenn sie nicht trägt bzw. gesetzt hat. Austragen, Setzen und Führen des oder der Kitze haben absoluten Vorrang bei der Steuerung von Energien!
Wölfel: »Unsere Versuche und Beobachtungen zeigen aber, daß Ricken, die nicht aufgenommen haben, unabhängig vom Alter jahreszeitlich früh verfärben. Im Gehege kann dieser Versuch durch wahlweises Hinzusetzen oder Weglassen eines Bockes während der Brunft verhältnismäßig einfach gesteuert werden. Hier verfärbt zum Beispiel selbst unsere älteste Ricke (10 Jahre), die nicht mehr aufnimmt, genauso früh wie ein Schmalreh.«

Daß Geißen mit einem Kitz weniger Milch produzieren müssen als solche mit zwei Kitzen, leuchtet ein. Die Theorie jägerischer Praxis sieht dann so aus: Die wirklich alte Ricke, die nur noch ein Kitz setzt oder auch zufällig gar keines, wird vor der jungen rot, die zwei Kitze führt. Die alte, rote Tante erklären wir zur Zuchtmutter des Revieres, die so lange graugebliebene Prachtmutter mit den zwei Kitzen merken wir für den Abschuß vor!

Das eben Gesagte gilt im Prinzip auch für die *Herbstfärbung.* Ursachen und Wirkungen treten noch deutlicher zu Tage. Denken wir an die Geiß mit zwei Kitzen. Sie wurde folglich spät rot, brachte aber tatsächlich – kräftezehrend – beide Kitze über den Sommer und hat jetzt im Herbst erst recht Schwierigkeiten zeitig zu färben. Stellen wir ihr gedanklich jene gegenüber, die schon bald nach dem Setzen – zufällig – ihr Einzelkitz verlor und sich den ganzen Sommer unbelastet den Pansen vollschlug: Die ›alte, rote Tante‹ schießen wir samt Nachwuchs tot!
Mag sein, daß wirs tun; dann aber bitte, weil wir den Abschuß erfüllen wollen und müssen und nicht, weil wir glauben, sie als alt und krank – als ›zuchtuntauglich‹ einstufen zu müssen!
Noch so ein Merkmal, das eher zufällig und selten zutrifft: »Alte Geißen sind meist von schwacher Konstitution, deutlich zu erkennen an ihrem dürren Hals!« Im Zuge der systematischen Unterkiefervermessung und damit auch schätzungsweisen Altersbestimmung konnte ich absolut keine Korrelation zwischen Gewicht und Alter feststellen. Zunächst müßte einmal verbindlich gesagt werden, *ab welchem Lebensjahr eine Geiß (überhaupt ein Reh) als alt gelten kann.* Das Ergebnis auf eine solche Frage ist meist Ratlosigkeit. 16 Jahre, meinte ein befragter Trophäenbewertungskommissär; 5 Jahre ein anderer. Neuhaus [1978] berichtet von einer Geiß, die 1943 bei Braunschweig markiert und 20 Jahre alt wurde. In der Regel dürften unsere Rehe aber kaum älter als 10 bis 12 Jahre werden. In diesem Alter sind die Backenzähne soweit abge-

nützt, daß die Nahrung kaum mehr richtig gekaut werden kann. Die Schneidezähne, mit denen die Nahrung abgerupft wird, sind meist schon verloren. Wir wissen aber auch, daß normal ernährte Geißen selbst im Alter von 11 Jahren noch gesunde Kitze zur Welt bringen können [Kurt 1970]. Mit 7 oder 8 Jahren haben die Rehe jedenfalls immer noch ein Gebiß, mit dem es sich ganz gut äsen läßt. Auf der Strecke sind aber derartig alte Geißen schon eine Minderheit, und zwar unabhängig vom Motto unserer Jagdausübung: Zahl vor Wahl oder strenger ›Wahlabschuß‹. Der Anteil ›alter‹ Rehe steigt mit der Unterbejagung!

Viele der von mir selbst und unseren Jagdgästen erlegten sogenannten alten Geißen, also jene mit vermutlich sieben oder mehr Jahren, waren im Wildpret ausgesprochen stark. Das wäre im Sinne des selektiven Hegeabschusses ja auch logisch. Schließlich hat der hegende und selektierende Jäger, der seinen Rehbestand auch zahlenmäßig zu erfassen vorgibt, eine solche, jetzt alte Tante bereits sieben oder acht Jahre pardoniert, eben weil sie seinen Vorstellungen entsprach.

Natürlich gibt es alte Geißen, solche und noch ältere, die schwach sind und gelegentlich haben sie einen dürren Träger und ein alttierartig trockenes Haupt. Jedoch waren die meisten Geißen, die ich nach solchen Kriterien erlegte, ausgesprochen junge Vertreterinnen ihrer Art – ein- und zweijährige, körperlich unterdurchschnittliche Geißen!

Damit sind wir bei den *Gewichten* angelangt. Ich habe weiter oben schon betont, daß es in jeder Gesellschaft – auch bei den Rehen – körperlich große und kleine gibt und daß dieser Zustand nicht gleichbedeutend mit mager oder krank ist. Außerdem – welchen Sinn soll es haben, wenn wir versuchen, die Rehe eine Stufe größer zu züchten, als sie die Landschaft selbst hervorgebracht hat, in der sie leben?

Nun will ich dies nicht als Anregung verstanden wissen, vorzugsweise die starken Rehe zu schießen und die schwachen laufen zu lassen. Aber wir sollten ›züchterische‹ Abschußkriterien auch nicht überbewerten, zumal wir nur begrenzt in der Lage sind, das Gewicht lebender, sich frei bewegender Rehe auch nur annähernd zu taxieren. Plus-minus 10% Körpergewicht sind bei einem wildlebenden Reh nur per Zufall zu diagnostizieren. Je ausgeglichener das Verhältnis Rehwild zu Lebensraum ist, um so mehr gleichen sich die Gewichte an. Damit wird uns die Wahl beim Abschuß schwer.

Wildtiere können ihr Aussehen ganz entscheidend verändern (s. Abb. S. 39). Das mißtrauische Reh spreizt die Spiegelhaare und wird damit automatisch größer. Das rangniedrige Reh macht sich eher klein, besonders dann, wenn ein streitsüchtiger Genosse mit auf der gleichen Äsungsfläche steht. Breit stehende Rehe mit erhobenem Haupt wirken immer größer als spitz- oder schrägstehende usw.

Im langjährigen Schnitt unserer Verwaltung wogen die zwischen dem 1. November und dem 28. Februar erlegten Kitze (das Gros wurde immer vor dem

Jahreswechsel erlegt) 10,42 kg. Wenn also Geschwisterkitze im Gewicht um 10% differieren, dann macht das genau 1,04 kg aus. Man schneide einmal diese 1,04 kg Fleisch in dünne Scheiben und verteile sie auf dem Kitzkörper. Ich bin nicht in der Lage, diesen feinen Unterschied, dazu noch auf gewisse Entfernung, im Bewuchs, in unterschiedlicher Körperhaltung und bei oft schlechtem Licht exakt und sicher zu erkennen!

Erkennen, was wir nicht können

Jeder Jäger möge sich, bevor er den Finger krümmt, einmal der Mühe unterziehen, zu raten, wie schwer das zu erlegende Stück ist. Bei allen Rehen, die älter als ein Jahr sind, lege er vorher fest, wie alt das Stück sein soll (besonders bei den Geißen). Ferner nutze er jede Gelegenheit, erlegte Stücke von seinen Jagdfreunden auf wenige Meter Entfernung auf ihr Gewicht hin schätzen zu lassen und schätze selbst jedes von anderen erlegte Reh. Manch jägerische Überheblichkeit wird dabei schnell abgebaut und vergessen. Ich jedenfalls täusche mich dabei zu einem hohen Prozentsatz und allen befreundeten Jägern, die ich schätzen ließ, erging es bisher nicht viel besser.

Manchmal bekomme ich eine Horror-Vision: Wir Jäger müßten jedes Frühjahr unsere *jagdliche Eignung durch Alters- und Gewichtsschätzung* neu beweisen. Jedem werden fünf erlegte Rehe unterschiedlichen Alters und Gewichtes vorgelegt, an die er auf fünf Meter herangehen darf. Wer mehr als zwei falsch ansagt, dem wird der Jagdschein verweigert... Ob dann immer noch so viel und so selbstsicher vom Ansprechen geredet würde?!

Aber am Unterkiefer...

Wann immer wir ein Reh erlegen, das offensichtlich älter als ein Jahr ist und wo immer über ein erlegtes Reh diskutiert wird, der Unterkiefer wird zum Kronzeugen gemacht. An diesem Stück Knochen, besser an den in ihm steckenden Zähnen hängen wir jedes Urteil auf. Fast jedes Jungjägerlehrbuch und wohl die meisten bisher über Rehwild erschienenen Werke enthalten eine ›Unterkiefer-Tafel‹. Den Zahnabschliff bekommen wir schon vor der Jägerprüfung eingebleut; wir müssen die auf dem Prüfertisch liegenden Unterkiefer nach Jahren genau einordnen.

Der Zahnabschliff, nicht Gesundheit, Geweih oder tatsächliches Alter, ordnet jeden Rehbock unbarmherzig ein: Abschußbock – Erntebock – Fehlabschuß! Wer für sein Rehgeweih eine Medaille will, der muß einen abgeschliffenen Unterkiefer hinzufügen. Nicht das Geweihgewicht entscheidet primär, sondern der Unterkiefer, besser das Unsichtbare, das vom Zahnbein fehlt. In Bundesländern, in denen die Jagdbehörde den Bockabschuß nach Güteklassen zuteilt, kann die Jagdbehörde – zumindest theoretisch – ein Bußgeld auferlegen, wenn ein bestimmter Erntebock sich nicht auch gefälligst die Zähne heruntergeschliffen hat...

Albrecht von Bayern veröffentlichte in seinem Buch ›Über Rehe in einem steirischen Gebirgsrevier‹ treffliche Vergleichsfotos von Unterkiefern markierter Rehe im Alter von einem bis zu sechs Jahren. Der Zahnabschliff in den einzelnen Altersklassen ist außerordentlich variabel. Der Unterkiefer eines Dreijährigen kann dem eines Fünfjährigen absolut gleich sein. Ebenso kann der Fünfjährige seine Zähne genau so abgenutzt haben wie ein Dreijähriger.

Wenn aber der Zahnabschliff über drei Lebensjahre hinwegtäuschen kann, andererseits das Durchschnittsalter aller erlegten Rehböcke höchstens bei drei Jahren liegt, welchen Wert soll dann die ganze Unterkiefertheorie haben?

Mit einiger Sicherheit sagt uns der Unterkiefer nur bis zum 20. Lebensmonat das Alter an. So um die Weihnachtszeit des zweiten Lebensjahres wird es schon etwas unsicher. Der Unterkiefer einer im Januar erlegten Schmalgeiß kann dem einer im September erlegten Geiß nahezu gleich sein. 100%ig sichere Altersbestimmung beziehungsweise Unterscheidung ist zwischen Rehen im dritten und vierten Lebensjahr schon nicht mehr möglich.

Zwar gibt es auch für Rehe die Möglichkeit der Bestimmung nach Zementzonen durch Zahnquerschnitt, ähnlich der von Eidmann in den Dreißigerjahren zur Bestimmung des Rotwildalters entwickelten Methode. Ich sehe aber in Verbindung mit den Unsicherheiten der Altersansprache lebender Rehe keinen großen Sinn darin, ein so aufwendiges Verfahren allgemein einzuführen, bzw. vorzuschreiben.

Wer immer noch selbstsicher aus dem Zahnabschliff lesen will wie aus Kaffeesatz, der denke an die so völlig unterschiedliche Zahnabnutzung bei uns Menschen. Es ist auch nicht auszuschließen, daß der Zahnabschliff zu gewissem Grade nahrungs- bzw. revierspezifisch ist. Wenn aber die Unterkiefer optisch schon innerhalb ein und desselben Reviers um drei Jahre differieren, wie wird dann erst ein Vergleich zwischen Revieren unterschiedlicher Boden- und Äsungsverhältnisse ausfallen!

Je älter der Bock, um so stärker sein Geweih?

Die Unzuverlässigkeit von sogenannten Altersmerkmalen an Rehgeweihen (Dachrosen, Stangenstärke, Volumen, Masse unten usw.) haben wir schon durch die Abb. auf S. 37/40 etwas in Frage gestellt. Treffen nun wenigstens noch unsere gängigen Vorstellungen über den Zeitpunkt der *Geweihkulmination* zu? Die immer noch gängige Lehrmeinung schreibt dem Rehbock sein stärkstes Geweih erst mit sechs Jahren oder später zu. Einzelne Experten

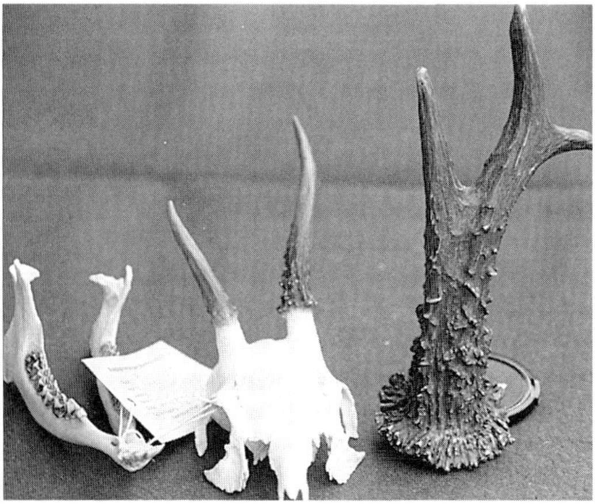

Ein 2jähriger (nach Unterkiefer), der wie ein Jährling aussieht und der Abwurf eines vermutlich 2jährigen (Abwurf des bis dato stärksten Rehbockes der Bundesrepublik). Zufall, nicht Aufartung!

glauben gar an eine Geweihkulmination im Alter von 12 bis 14 Jahren, ähnlich dem Rothirsch. Auf diesen Vorstellungen beruht ja in erster Linie die Festlegung von vier oder fünf Jahren als Mindestalter für den ›Erntebock‹.
Albrecht von Bayern ist dieser Frage nachgegangen. Das von ihm im Revier Weichselboden gewonnene Material wurde von Dr. Karl Meunier ausgewertet. Dabei ging es um Klärung folgender Fragen:

1. Gibt es gute und schlechte Geweihjahre?
2. Gibt es gute und schlechte Geburtsjahrgänge?
3. In welchem Alter trägt der Rehbock sein stärkstes Geweih?

Hinsichtlich guter und schlechter Geweihjahre kommt Meunier zu dem Schluß, daß es sie – unabhängig von der Ernährungsbasis – tatsächlich gibt. Welche Faktoren (Sonnenscheindauer, Winterverlauf, Herbstwitterung usw.) hierfür verantwortlich sind, eventuell in welcher Kombination, ist ungeklärt geblieben.
Auch bei den Geburtsjahrgängen kristallisierten sich gute und schlechte heraus. Örtlich ist es durchaus denkbar, daß die Güte einzelner Geburtsjahrgänge mit vorausgegangenen Mastjahren zusammenhängt. Allerdings sind die Abweichungen vom Schnitt sehr gering. Meunier hat alle untersuchten Abwürfe gemittelt und dieses Durchschnittsgewicht als Faktor 100 bezeichnet. Zwischen 1966 und 1974 (in diesem Zeitraum wurde intensiv gefüttert) schwankten die Wertziffern zwischen 92,9 (1974) und 109,1 (1969). Vor 1966 wurde nicht intensiv gefüttert. Der Mittelwert für die Vor-Fütterungszeit beträgt 81,5. Bei den Geburtsjahrgängen ergaben sich Abweichungen zwischen 96,4 (1969) und 107,3 (1966). Zwischen Geweihjahrgängen und Geburtsjahrgängen gibt es keine signifikanten Zusammenhänge.
Einen wirklich großen Sprung machen nur die Jährlinge. Der Sprung der Zweijährigen ist wesentlich geringer. Die Geweihe der dreijährigen Böcke sind im

Mittel schwerer als die der fünfjährigen (s. Abb. S. 40/41). Der Sprung von drei auf vier Jahre ist nur unbedeutend und kann durchaus schon ein ›Rücksprung‹ sein. Mit fünf Jahren fällt der Mittelwert schon kontinuierlich ab.

Jagdpraktisch interessant ist die Erkenntnis, daß die meisten Rehböcke im Alter von vier Jahren ihr höchstes Geweihgewicht erreichen! Im Mittel sind die Geweihe der Zweijährigen mit 184,8 g Stangengewicht schwerer als jene der Sechsjährigen mit 175,7 g Stangengewicht. Meunier bekundet allerdings, daß Böcke mit einem eher schlechten Ernährungszustand eher später die Geweihkulmination erreichen als guternährte.

Das heißt im Klartext für die Praxis: Unsere Vorstellungen, Rehböcke würden ihr höchstes Geweihgewicht erst mit sechs Jahren oder gar später erreichen, ist exakt zugeschnitten auf Reviere mit ausgeprägter ›Zahlenhege‹, mit einem überhöhten Wildbestand bei körperlich schlechter Verfassung. In dieser Erkenntnis liegen für die Gegner der Trophäenschauen noch ungeahnte Möglichkeiten der Argumentation, diese Trophäenschauen gezielt gegen uns zu verwenden!

Der Jäger mag sich seine Schlüsse ziehen und entsprechend handeln, wenn er weiß, daß die Böcke mit vier Jahren ihr stärkstes Geweih tragen können, viele aber schon mit drei Jahren und wenn er weiter bedenkt, daß der Zahnabschliff eine Variationsbreite von drei Jahren und mehr umfaßt.

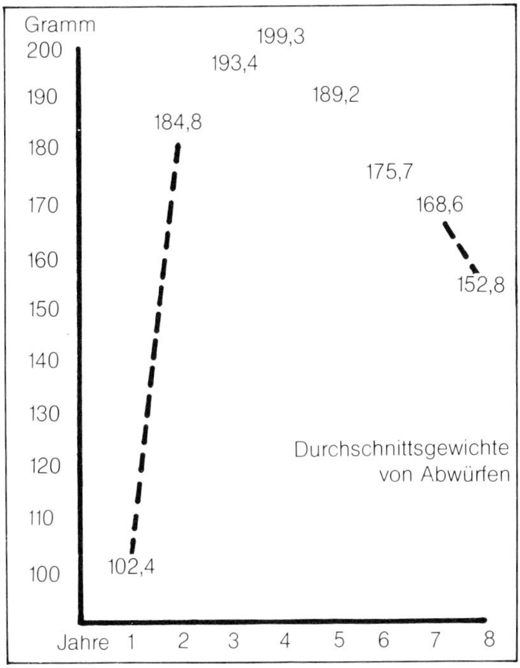

Grafik unter Verwendung von Daten aus: ›Über Rehe in einem steirischen Gebirgsrevier‹

Vererbung oder Irrtum?

Genotyp und Phänotyp

Der Cervidenforscher Blaupot ten Cate sagte einmal: »Wie Blinde von der Farbe reden wir, wenn wir über Rehwildaufartung diskutieren, ohne überhaupt zu wissen, wie sich das Gehörn beim Rehwild vererbt.« In der Tat: Die Vererbbarkeit von Geweihformen und Geweihstärke beim Rehwild ist kaum erforscht. Dennoch machten wir die Vererbung zum Dreh- und Angelpunkt unserer sogenannten ›Hege mit der Büchse‹. Gute und schlechte Vererber, Artverderber, das waren mit die am häufigsten von Jägern gebrauchten Schlagworte zum Thema Rehwild. Bei der Urteilsfindung über den Erbwert (Zuchtwert) dieses oder jenes Rehbockes verwechselten wir Jäger immer wieder den Genotyp mit dem Phänotyp.

Um was handelt es sich hierbei?

Zunächst zum *Genotyp.* Die Gene dürfen wir uns gewissermaßen als das von den Eltern an die Nachkommen vererbte Startkapital vorstellen. Diese Gene sind auf die Chromosomen gebunden, von denen jedes Reh genau 70 hat. Für die Nachkommen steuert jeder Elternteil jeweils die Hälfte der Chromosomen bei. Die Verteilung erfolgt zufällig; damit geben die Eltern ihre Anlagen auch ganz unterschiedlich weiter. Was nun weitergegeben wurde, sehen wir nicht. Selbst bei den erwachsen werdenden Rehen, etwa den Jährlingen, sehen wir ›die Erbanlagen‹ nur sehr bedingt.

Beim Erscheinungsbild eines Rehes, so wie es sich uns darbietet, handelt es sich eben nicht um den Genotyp, sondern um den *Phänotyp.* Letzterer ist das Produkt aus Genotyp und Umwelt. Um beides auf einen einfachen Nenner zu bringen: Der ›mickrige‹ Bock ist nicht unbedingt deshalb ›mickrig‹, weil dieser Körperzustand seinem Genotyp entspricht, sondern einfach weil seine Umwelt (geringe Äsung, sozialer Druck usw.) die volle Entfaltung seiner Anlagen nicht zuließ. Es ist durchaus möglich, daß dieser Bock mit seinem ›mickrigen‹ 160-Gramm-Geweih die bessere Erbanlagen in sich trägt als sein Bruder mit dem 300-Gramm-Geweih.

Es hat folglich seine Schwierigkeiten, einen Rehbock aufgrund seines Geweihvolumens oder -gewichtes oder seiner Geweihform auf den in ihm schlummernden Erbwert zu beurteilen. Wir können es einfach nicht! Bei einer über Jahrhunderttausende freilebenden Tierart müssen wir davon ausgehen, daß die Erbanlagen in einer überlebensfähigen Mischung weitergegeben werden. Wäre dem nicht so, hätten sich längst unterschiedliche Formen des Rehes auf gleichem Standort herauskristallisiert – oder die Art wäre ausgestorben. Dem ist aber nicht so. Allenfalls schlägt die Natur zuweilen Kapriolen in Form von

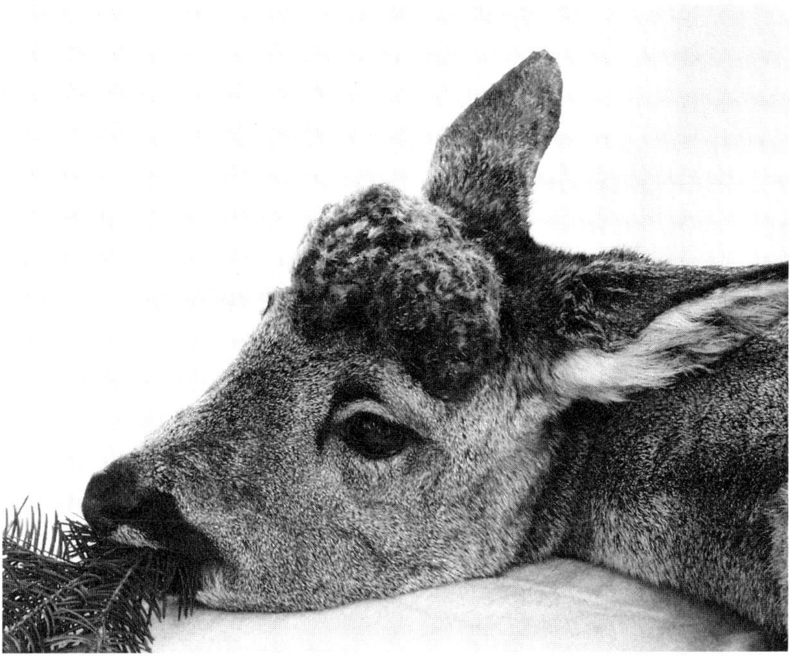

Immer wieder schlägt die Natur Kapriolen, so wie bei dieser Perückengeiß. Sie kommen und gehen ohne unser Zutun.

Mutationen. Mutationen sind sprunghafte Veränderungen der Erbanlagen. Sie können sich in der Natur nur selten dauerhaft durchsetzen, weil zur Festigung einer Mutation die mutierte Anlage von beiden Elternteilen gleichzeitig weitergegeben werden müßte.

Um in die Praxis zu gehen: Der ›kapitale Zucht-Rehbock‹ (Phänotyp) zeugt ganz unterschiedlich veranlagte Kitze. Zunächst muß sein Phänotyp nicht identisch sein mit seinem Genotyp. Zweitens aber hängt der Genotyp der von ihm gezeugten Kitze nicht nur von ihm, sondern auch vom Genotyp der Mutter ab. Noch komplizierter wird es, wenn wir für die Entwicklung der Kitze nicht nur die unterschiedlichen Genotypen der Mütter, sondern auch deren Phänotypen berücksichtigen. Gerade von letzteren (Gesundheit der Mutter, Milchleistung usw.) hängt aber der Phänotyp des Kitzes ab.

Unser ›kapitaler Zuchtbock‹ zeugt möglicherweise Nachkommen mit ganz unterschiedlichen und teils wenig wünschenswerten Genotypen. Diese können trotzdem zu recht respektablen Rehen heranwachsen, wenn – ja wenn ihnen die Umwelt günstige Entwicklungsbedingungen schafft.

Während der Genotyp – die Erbanlagen – eine Konstante bildet, kann sich der Phänotyp erheblich verändern. Körperlich schwache Rehe werden bei verän-

Die Ernte eines Sommers. Alles Böcke zwischen 300 und 500 g Geweihgewicht. Aber – fast ausschließlich Produkte körperlichen und sozialen Wohlbefindens, nicht einer verbesserten »Erbmasse«!

derter, verbesserter Nahrungssituation und sozialer Befriedung feist und umgekehrt. Böcke mit starkem Geweih können mitten in ihrer ›Laufbahn‹ zurücksetzen. Parasiten können ein gutveranlagtes Reh zur Karikatur werden lassen. Das alles hat nichts mit einer Veränderung der Erbanlagen zu tun. Wohl aber stufen wir ein solches Reh spontan in die unerwünschte ›Abschußklasse‹ ein.

Wir alle kennen die Anzeigen, mit denen Gatterbesitzer zuweilen besonders starke Böcke, Hirsche oder Widder als ›bestveranlagt‹ und zur ›Blutauffrischung‹ anbieten. In Wirklichkeit handelt es sich aber zunächst um Tiere von gutem Phänotyp. Beim Rehwild hat uns dies Herzog Albrecht von Bayern ja alles eindringlich und eingängig demonstriert. So wird sich im Gatter unter optimalen Ernährungsbedingungen nahezu jedes Kitz – verglichen mit jenen der freien Wildbahn – zu einem besonders starken Reh entwickeln. Gatterböcke haben denn auch meist starke Geweihe.

Draußen in freier Wildbahn verhält es sich sinngemäß nicht anders. Eben darum ging es ja bei den – so oft (und wohl auch gerne!) – mißgedeuteten Fütterungsversuchen des Herzogs in Weichselboden. Durch die intensive Futterversorgung stiegen dort die Gewichte der erwachsenen Böcke (aufgebrochen mit Haupt) von vorher durchschnittlich 15 kg auf 22 kg. Das entspricht einem Mehr von 46,6%. Sinngemäß verlief auch die Entwicklung bei den Gei-

ßen, Jährlingen und Kitzen. Es wäre schlicht Irrsinn, hier von einer Genverbesserung oder einem Erfolg des Wahlabschusses zu sprechen.
Dies alles ist nun längst nicht mehr neu; des Herzogs Erfolge werden nicht nur zur Kenntnis genommen, sie werden stolz gehandelt – die Konsequenzen, die sich daraus ergeben, jedoch einfach ignoriert! Mit der Verbohrtheit kleiner Kinder halten einige Besserwisser immer noch an ihrer längst ad absurdum geführten Rasse- und Vererbungstheorie fest.

Ältere Böcke sollen sich vererben

Daß es mit einer auch nur halbwegs zutreffenden Altersansprache so seine Probleme hat, haben wir im vorangegangenen Kapitel über das Ansprechen schon gesagt. Von diesem Problem einmal ganz abgesehen, ist aber auch nicht einzusehen, warum ein fünfjähriger Rehbock ein besserer Vererber sein soll als ein dreijähriger. Das in beiden schlummernde Erbgut wurde ja jeweils bei deren Zeugung festgelegt und ändert sich nicht mehr. Die Qualität des Erbgutes korreliert nicht mit dem Alter des Tieres.
Leitgedanke bei der Forderung, die ›guten‹ Rehböcke möglichst alt werden zu lassen, ist eben der Irrglaube, das die Geweihstärke beeinflussende Erbgut werde im Geweih selbst sichtbar – und der Wunsch nach möglichst großen, möglichst immer noch größer werdenden ›Trophäen‹.
Nun möchte ich das bisher Gesagte nicht dahingehend mißverstanden wissen, ein Bock mit geringem Geweih sei ausschließlich das Produkt seiner qualitativ geringen Umwelt. Je größer die Standardabweichung, das heißt, je stärker die Rehböcke qualitätsmäßig auseinandertriften, um so stärker kann ein Selektionserfolg sein. Nach meiner Erfahrung werden aber die ›genetisch unterprivilegierten‹ Rehe am ehesten dort gemerzt, wo das Motto ›Zahl vor Wahl‹ gilt.
Eine ganz andere Frage ist die nach der *Heritabilität* von Geweihmerkmalen. Unter Heritabilität versteht man die Erblichkeit (die Erbwahrscheinlichkeit) eines bestimmten Merkmales. Nur eine hohe Heritabilität erlaubt einen guten Selektionserfolg. Brem [1983] meint hierzu: »Bei der Geweihvererbung muß davon ausgegangen werden, daß die Heritabilität sehr niedrig ist.«
Halten wir also fest:
- Was wir als Rehbock sehen, ist fast ausschließlich Phänotyp (Produkt aus erblicher Veranlagung und Umwelt).
- Erbanlagen liegen fest; sie verändern sich nicht mit der Umwelt und nicht mit dem Alter.
- Die Vererblichkeit von Geweihmerkmalen ist wahrscheinlich außergewöhnlich gering.
- Jeder Selektionserfolg hängt von der genetischen Streuung ab; auch sie ist bei Rehgeweihen sehr gering.
- Geißen vererben überhaupt keine Geweihmerkmale.

Gene und Gramm

In einem anderen Punkte arbeiten wir mit unserer rehjägerischen Hegestrategie einem raschen Selektionserfolg direkt davon. Selektionserfolge stellen sich nämlich um so rascher ein, je kürzer der Generationsintervall ist. Das heißt: Wer Zuchtwahl und Wahlpaarung betreiben will, muß die Generationen möglichst schnell nacheinander folgen lassen, da ja Erfolge nicht innerhalb der Generation, sondern nur durch deren Wechsel möglich sind. Die ›Umtriebszeit‹ der Rehböcke sollte dann nicht fünf oder sechs Jahre betragen, sondern eher drei.

Brem unternahm den Versuch, den höchstmöglichen Selektionserfolg in bezug auf das Rehgeweih mathematisch einzuschätzen. Er bringt daher den Selektionserfolg in Abhängigkeit von der Erblichkeit, der genetischen Variabilität, der Selektionsintensität und dem Generationsintervall. Dabei kommt er zu einem maximalen genetischen Erfolg von 0,2% des phänologischen Mittelwertes. Nehmen wir diesen mit 200 g Geweihgewicht an, so wäre der Selektionserfolg eine Steigerung dieses Geweihgewichtes von jährlich 0,4 g. Brem betont allerdings, daß die seiner Berechnung zugrundeliegenden Werte eher optimistisch eingeschätzt sein dürften.

Im Klartext:

Wenn wir tatsächlich in der Lage wären, alle Böcke unseres Reviers zu erfassen und eine korrekte Zuchtauswahl zu betreiben – wir können es nicht! –, dann wäre, ausgehend von einem durchschnittlichen Geweihgewicht von 200 g, immer noch eine Revierpachtzeit von 458 Jahren erforderlich, um den Tag zu erleben, an dem das Durchschnitts-Geweihgewicht sich auf 500 g gehoben hat – Waidmannsheil!

Wir entscheiden nicht über die Paarung

Nach all dem bisher Gesagten ist klar, daß wir einen Rehbestand zahlenmäßig nur äußerst schwer in den Griff bekommen. Gar keinen Einfluß haben wir aber auf die Partnerwahl der einzelnen Rehe. Dies sicher auch dann nicht, wenn wir die ›alten, reifen und guten Vererber‹ schonen und unter den schlechten Vererbern gründlich aufräumen. Schließlich steht ein Bock immer nur bei einer Geiß (solange diese brunftig ist) und auf deren Brunftigsein haben wir keinerlei Einfluß.

Lassen sie mich vereinfachen:

Wer beschlägt die ›Liesel‹, wenn ›Hans‹ gerade mit der schlanken ›Monika‹ beschäftigt ist? Den nur mittelmäßigen ›Peter‹ haben wir aus züchterischen Überlegungen ›der Wildbahn entnommen‹. Gesellt sich nun zur sehnsüchtigen ›Liesel‹ – weil der ›Hans‹ eh' keine Zeit hat – ein zugewanderter ›Edelbock‹ oder gar ein bisher ganz und gar unbekannter (unterdrückter) ›Genchaot‹?!

Wir entscheiden nicht über die Paarung der Rehe. Schon die Zufälligkeit einer Verletzung am Stacheldraht, eine Forkelwunde o. ä. kann unser ganzes »Zuchtkonzept« über den Haufen werfen, wenn der »gute Vererber«, so wie auf dem Bild, lebend von Maden aufgefressen wird.

Wo viele brunftige Geißen stehen (das Ziel vieler Jäger!), dort ziehen auch zur Genüge brunftwillige Böcke hin. Ob und wieviele Geißen irgendwo stehen, darüber entscheidet beispielsweise die Landwirtschaft weit mehr als wir. Weder Böcke noch Geißen lassen sich durch gestreuten oder selektiven Abschuß, weder momentan noch für längere Dauer an bestimmte Plätze binden.
Bereits die landwirtschaftliche Erntefolge (vom Wetter abhängig!) oder etwa schwerpunktmäßige Arbeiten im Wald (Holzernte, Wegebau usw.) können von heute auf morgen die Rehe zwingen, ihre gewohnten Äsungsplätze zu wechseln. Damit werden auch unweigerlich die ›geplanten‹ Paarungen gründlich durcheinander geworfen. Der bisher unterdrückte Jährling kann sich über Nacht von den schönsten und willigsten Geißen umringt sehen, während die angrenzenden Platzböcke völlig überlastet sind . . .
Der pure Zufall kann den ›schlechtesten Vererber‹ zum erfolgreichsten Freier des Reviers machen.

Aufbau von ›Mutterlinien‹

Neulich rief mich ein entrüsteter Jäger an. Er hatte sich furchtbar geärgert, weil ich in mehreren Zeitschriftenbeiträgen Zweifel an der Sinnhaftigkeit unseres sogenannten Wahlabschusses äußerte.
Wichtig sei der Aufbau von gesunden Mutterlinien analog der Hundezucht! Nun mag ich hier nicht zu anderen Themen überwechseln. Es muß aber gesagt werden, daß wir bei unseren Jagdhunden den Genotyp tatsächlich verändert haben. Allerdings nicht im Sinne und Interesse unserer Hunde, sondern ausschließlich nach unseren Gesichtspunkten und Bedürfnissen. Und wir müssen nach durchschnittlich 80 Jahren Jagdgebrauchshundezucht auch eingestehen, daß wir die einzelnen Rassen mit früher unbekannten Problemen beladen haben. Die Probleme sind jedem Züchter bekannt, und manche Rassen können sich nur durch immer wieder neue Fremdbluteinkreuzung aufrechterhalten. Ganz abgesehen von der großen Zahl von Wesenskrüppeln und Allergikern; bei unmanipulierten Wildtieren, etwa beim Stammvater Wolf – undenkbar.
Aufbau ›gesunder Mutterlinien‹ funktioniert im Kuhstall. Dort wird gezielt an immer größeren Kühen mit immer höherer Milchleistung (und immer häufigerer Tierarztkonsultation!) gezüchtet. Wollen wir das eigentlich bei unseren Wildtieren? Das Superreh mit dem Geweih zumindest der Sibirier – und der Verbißleistung eines Rindes?
Entscheidend ist aber folgendes:
Haustiere wachsen in unserer Obhut, unter weitgehend gleichen Bedingungen auf. Sie erhalten die exakt gleichen Futterrationen, sie bewohnen den gleichen Stall, unterliegen den gleichen Streßfaktoren – die Lebensbedingungen, denen sie unterworfen sind, sind vergleichbar. Damit ist einerseits ihr Phänotyp ausgeglichener, und genetische Abweichungen werden weit deutlicher als beim Wildtier. Haustiere können wir, ehe sie sich vererben ›dürfen‹, testen. Milchleistung, Gewicht und Nachwuchs bei der Kuh, Formwert und Arbeitsleistung beim Jagdhund. Rehe können wir nicht testen, weder nach der für die Kitze wichtigen Milchleistung, noch nach ihrer Fähigkeit, sich einer geänderten, schwieriger gewordenen Umwelt anzupassen, etwa bei der Wahl des Setzplatzes oder im Umgang mit dem Straßenverkehr. Von Haustieren besitzen wir alle wissenswerten Daten, von Wildtieren (mit wenigen markierten Ausnahmen) überhaupt keine. Schon diese Unterschiede schließen ›den Aufbau gesunder Mutterlinien‹ nahezu aus; jedenfalls im Sinne einer bewußten, gewollten Steuerung durch den Jäger. Was sich in unseren Rehmüttern präsentiert, ist denn auch nahezu ausschließlich der Phänotyp – nicht der Genotyp. Nichts wissen wir!
Damit scheidet eine sinnvolle ›Gen-Auslese‹ beim weiblichen Wild noch mehr aus als beim männlichen. Damit besteht aber auch immer die Gefahr, daß die Kitze unseres hochprämierten ›Zuchtbockes‹ – analog zu den Kindern manch begabter Väter – ganz und gar aus der Art schlagen. – Wie menschlich!

Einige hundert Jahre Zeit wären notwendig, um durch »Zuchtauslese« systematisch solche Geweihe zu produzieren...

Etwas über die Zählbarkeit der Rehe

Widersprüche

Es ist erstaunlich, mit welcher Zähigkeit sich unter den Jägern der Glaube hält, Rehe seien zählbar. Den Vorwurf der Unbelehrbarkeit (und vor allem der Inkonsequenz!) muß aber eigentlich in erster Linie den Gesetzgeber – nicht die Jäger treffen. Noch immer wird in den meisten Bundesländern eine genaue Bestandserfassung des Rehwildes gefordert. Weiter noch: Die Jagdbehörden verlangen von den Jägern zusätzlich die Aufschlüsselung des ›gezählten‹ Bestandes in Alters- und Güteklassen und ein Orakel darüber, wieviele Kitze im laufenden Jahr das Licht der Welt erblicken und was davon bis zur Jagdzeit im Herbst überlebt...

Der Gesetzgeber tut so, als liefen die Rehe von Geburt an mit einer unverlierbaren Lauschermarke, mit sichtbarer Nummer und Karteikarte herum. Allerdings zeichnet sich – von Süden nach Norden übergreifend – ein Umdenkprozeß ab. Baden-Württemberg hat als erstes Bundesland auf jede Bestandserhebung und Klassifizierung beim Rehwild verzichtet.

Jeder Jäger, der die jagdpolitische Entwicklung der letzten 20 Jahre aufmerksam verfolgt hat, wird erkennen, daß unsere Reh-Zählungen vergangener Jahrzehnte auch nicht annähernd den tatsächlichen Gegebenheiten entsprachen: Sie sind schlicht »in die Hose gegangen«! Vielerorts müßte, als Folge kontinuierlicher Abschußsteigerung, das Rehwild längst ausgerottet sein. Es ist auch ein unübersehbarer Widerspruch, wenn wir Vollzugsdefizite beim Abschuß damit begründen, die Rehe seien infolge des Besucherdruckes und anderer Störfaktoren nurmehr selten zu sehen, andererseits aber darauf bestehen, den Frühjahrsbestand genau erfassen zu können.

Wie schwierig eine auch nur annähernde Erfassung des Rehwildes – insbesonders in Waldrevieren! – ist, beweist uns nicht nur die eigene Revierpraxis, sondern auch vielfach die wildbiologische Forschung.

Die ersten, auch dem Jäger zugänglichen Ergebnisse lieferte in Dänemark STRANDGAARD aus dem ostjütländischen Forschungsgebiet Gut Kalö.

Ab 1955 wurden dort jeden Winter Rehe gefangen und markiert; ab 1966 mit Lederhalsbändern, die beidseitig reflektierende Nummernschildchen trugen. Diese sind bis auf eine Entfernung von 300 m lesbar, so daß eine genaue Identifizierung der gesehenen Rehe auch bei Nacht im Scheinwerferlicht möglich ist. In den Jahren von 1966 bis 1968 wurden alljährlich nahezu alle Rehe (97%, 93% und 93%) gefangen, gewogen und wieder freigelassen. Da nun in der Zeit vom 1. Januar bis 15. März täglich intensiv, sowohl am Tage als auch in der Nacht gezählt wurde, ergaben sich recht brauchbare Daten über die Beob-

achtbarkeit dieser Rehe. Trotzdem gelang es nie, mehr als die Hälfte aller vorhandenen Rehe an einem Tage zu sehen.
Besonders aufschlußreich war dabei die Erkenntnis, daß auch die im Winterhalbjahr anscheinend stabilen Sprünge nicht wirklich stabil sind. Zwar blieben diese der Zahl nach annähernd konstant, doch änderte sich ihre Zusammensetzung laufend. Um es etwas zu verdeutlichen: Betrug die Stärke eines solchen Sprunges ziemlich konstant zehn Rehe, so wurden in ihm aber im Ablauf einer Woche bis zu 15 verschiedene ›Nummern‹ beobachtet. Ein Beweis dafür, daß die soziale Bindung an den Sprung nicht so hoch ist, wie gemeinhin von den Jägern angenommen wird.
Anders gesagt: Die Geiß mit den beiden Kitzen (uns vermeintlich genau und persönlich bekannt!), die wir heute wieder sehen, muß noch lange nicht dieselbe sein, die wir gestern sahen; auch wenn beide genau auf der gleichen Wiese ästen.
In genau die gleiche Richtung weisen die Ergebnisse, die Ellenberg im Rehgatter Stammham ermittelte (s. Abb. S. 59). Alle in diesem 130 ha großen Gatter lebenden Rehe waren ›inventarisiert‹ und mit Nummern versehen. Nicht nur ihre Beobachtbarkeit ganz allgemein erwies sich im Jahresablauf als stark schwankend, sondern auch die Beteiligung der einzelnen Klassen. So ließen sich die Böcke im Beobachtungszeitraum März bis August gut doppelt so häufig beobachten wie die weiblichen Tiere. Dieses Phänomen (es ist gar keines) kennen wir Jäger aus der eigenen Revierpraxis: Im Frühjahr – man sieht allgemein viel Wild – fallen uns die Böcke am meisten auf. Sie sind unterwegs, markieren Reviere, kämpfen, verjagen einander und sie haben ein gesteigertes Nahrungsbedürfnis infolge des Geweihwachstumes und des Haarwechsels. Sie fallen aber auch ausgesprochen auf, etwa beim Fegen, beim Plätzen, bei den Einstandskämpfen. Geißen hingegen werden zwar ebenfalls relativ häufig beobachtet, sind aber doch insgesamt unauffälliger. Sie bemühen sich als werdende Mütter sichtlich um Ruhe, ziehen sich in ihre Kinderstuben zurück und vermeiden auch nach der Geburt, wie alle Tiermütter, auffälliges Benehmen. Mit dem Herannahen des Setzens verjagen sie zudem noch die Begleitung, die vorjährigen Kitze.
Schwankungen in der Beobachtbarkeit fallen uns aber auch noch bei einer anderen Gruppe besonders auf: bei den Einjährigen. Erinnert sei an die vielen Knopfböcke, Jährlingsspießer und schwachen Schmalrehe, die wir uns in den Spätwinter- und Frühjahrswochen notiert haben. Plötzlich sind sie verschwunden und wir rennen oft wochenlang hinter solch vorgemerkten, nun zu Phantomen gewordenen Rehen her, ehe wir sie wieder einmal sehen und erlegen können.
Wir alle kennen auch jenes Beobachtungstief im September, manchmal noch im Oktober, wenn das weibliche Wild und die Kitze schußbar werden. Es ist fast jedes Jahr das gleiche. Man sitzt und sitzt und sieht fast nichts mehr. Dann, die ersten Nachtfröste haben die Vegetation verändert, das Wetter hat umgeschla-

gen, sind die Rehe plötzlich wieder da, stehen fast wie im März auf den abendlichen Wiesen. Schießen können muß man sie deshalb noch lange nicht, denn ihre Aktivitätszeit fällt ziemlich mit jener der Landwirte und Waldbesucher zusammen: Wenn die Rehe auf die Wiesen kommen, kommen auch die Landwirte, und wenn sie im Wald endlich aus den Kulturen an die Wege und Schläge ziehen, kommen die Jogger. Wir wissen auch, wie schwer uns oft die letzten beiden fehlenden Rehe im Hochwinter anhängen, obwohl wir den Abschuß ansonsten recht lässig zusammenbrachten. Wir sehen dann einfach keine Rehe mehr und machen uns Gedanken über die Höhe des Abschusses... Zwar gehen sie regelmäßig an die Fütterungen, ansonsten scheint es sie aber nicht mehr zu geben. Drei Wochen um das letzte Kitz zu erlegen, das ist keine Seltenheit.

Obwohl wir Jäger draußen immer wieder selbst erleben, welch großen Schwankungen die Beobachtbarkeit der Rehe unterliegt, verneinen viele von uns selbstsicher eine wesentliche Dunkelziffer.

Wie sehr wir uns bei der zahlenmäßigen Erfassung von Rehen – nicht nur von freilebenden! – zu irren vermögen, machte KURT anläßlich eines Symposiums 1987 in Wien deutlich. Nach seinen Angaben sollten die auf dem Züricher Flughafen lebenden Rehe aus Gründen der Flugsicherheit alle abgeschossen werden. Auf dem fest und sicher umzäunten Flughafengelände ist ein Ein- oder Auswechseln der Rehe nicht möglich, das Gelände zudem kaum bewaldet. Der Flughafen hat überdies einen eigenen Wildhüter, der als sehr zuverlässig gilt. Er bezifferte die Zahl der dort lebenden Rehe mit 42 Stück. Sie waren auf dem weitgehend offenen Gelände auch überaus leicht zu zählen.

Geschossen wurden dann – 215 Rehe!!

Rotten wir die Rehe aus?

Sehr brauchbare Hinweise auf die tatsächliche Bestandeshöhe gibt uns der Abschuß. Allerdings nur, wenn er kontinuierlich gesteigert wird, und der entsprechende Wille und die jagdlichen Fähigkeiten vorhanden sind. Er besagt mehr als alle Zahlenspiele etwas darüber aus, ob Rehe noch in einer bejagbaren Dichte vorkommen. Es mag zynisch klingen, trifft aber den Kern des Problems exakt: Nur tote Rehe lassen sich zählen!

Meist wird dagegengehalten, die Rehe wären schon längst ›explodiert‹, würden

Selbstverständlich hängt die Beobachtbarkeit der Rehe auch von der Revierstruktur und der Witterung ab. An der Tendenz der ELLENBERGSCHEN Aufzeichnungen ändert sich aber wahrscheinlich wenig. ▷

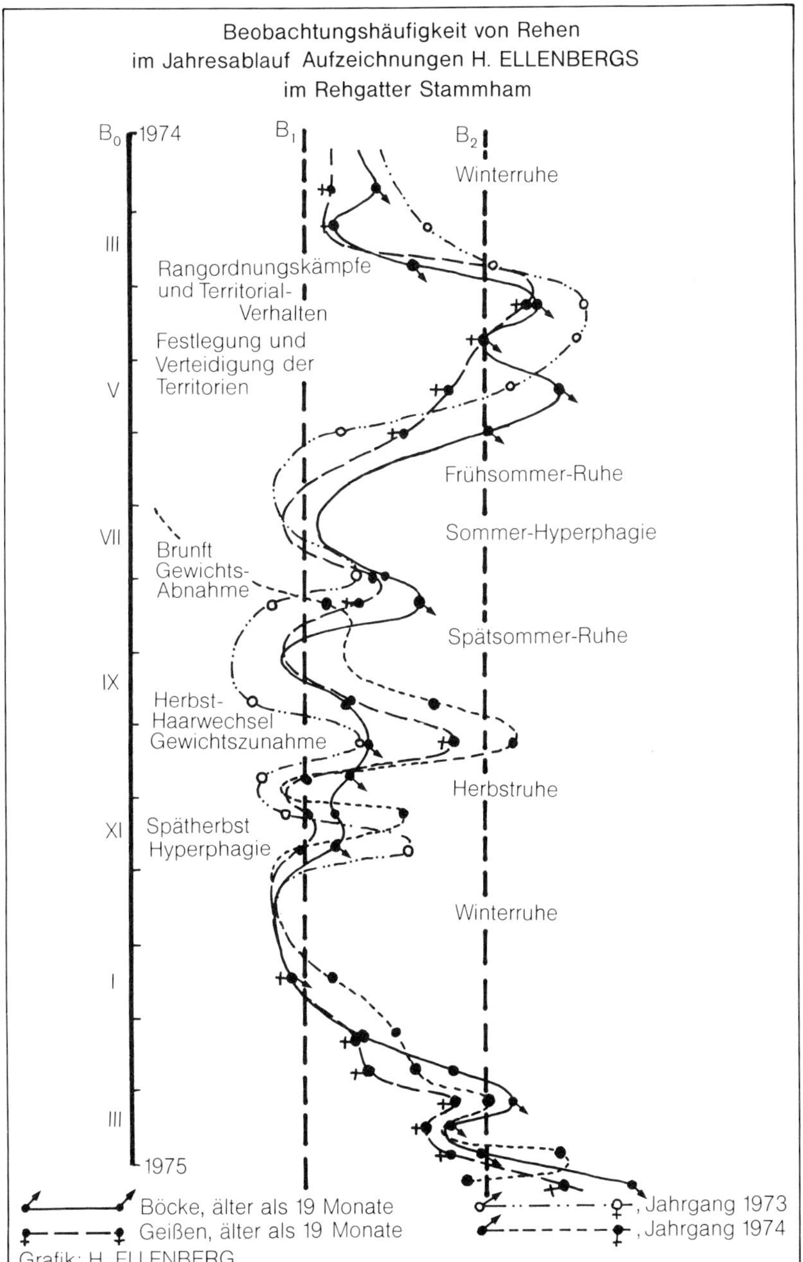
Beobachtungshäufigkeit von Rehen
im Jahresablauf Aufzeichnungen H. ELLENBERGS
im Rehgatter Stammham
B_0
1974
B_1
B_2
Winterruhe
III
Rangordnungskämpfe
und Territorial-
Verhalten
Festlegung und
Verteidigung der
Territorien
V
Frühsommer-Ruhe
Sommer-Hyperphagie
VII
Brunft
Gewichts-
Abnahme
Spätsommer-Ruhe
IX
Herbst-
Haarwechsel
Gewichtszunahme
Herbstruhe
XI
Spätherbst
Hyperphagie
Winterruhe
I
III
1975
Böcke, älter als 19 Monate
Geißen, älter als 19 Monate
, Jahrgang 1973
, Jahrgang 1974
Grafik: H. ELLENBERG

sie nicht durch den Abschuß reguliert bzw. auf einem bestimmten Stand gehalten. Hierzu einige Beispiele aus meiner eigenen Praxis:

Im Winter 1970 übernahm ich die 2748 ha große Regiejagd des Fürstlich Quadtschen Forstamtes in Isny im Allgäu. Vor meiner Dienstzeit wurden die Rehe dort weitgehend geschont, weil man die immens hohen Winterverluste ausgleichen wollte. Der Abschuß betrug im langjährigen Mittel etwa ein Reh je 100 ha. Der Bestand hielt sich in etwa gleich. Dieser überaus niedrige Abschuß entsprach damals den Gepflogenheiten der meisten Gebirgs- und Vorgebirgsreviere.
In den Jahren von 1970 bis 1974 steigerte ich den Abschuß kontinuierlich auf 6,7 Rehe je 100 ha. Er ließ sich weitgehend ohne Hilfe der Forstverwaltung erfüllen, die hinsichtlich der Abschußhöhe große Bedenken vortrug. Trotzdem hatte ich wenig Mühe, den Abschuß zu erfüllen und mußte die volle Jagdzeit kaum je ausschöpfen. Viele Wege für den jagdlichen Einsatz des Autos gab es damals dort auch noch nicht.
Die Rehe wurden – allen Kassandrarufen zum Trotz – nicht ausgerottet. Allerdings stieg die Vermehrungsfreudigkeit der Geißen, und die hohe Quote des Winterfallwildes brach zusammen. Zwillingskitze wurden die Regel, Drillinge kamen regelmäßig vor. Einzelkitze wurden vor allem bei erstmals setzenden Geißen beobachtet.
Rein rechnerisch hätte schon 1972 das letzte Stück Rehwild geschossen sein müssen. Natürlich kam sofort die Behauptung, wir schössen in erster Linie von den Nachbarn zugewandertes Wild. Diese Behauptung entlarvte sich insofern als Unsinn, als alle Nachbarreviere forthin auch ihre Abschußquoten anhoben (anheben mußten). Inzwischen sind rund 15 Jahre vergangen und – alle Nachbarreviere schießen heute wesentlich mehr als damals.

Nicht ganz so kraß, aber doch in der Tendenz ähnlich waren die Verhältnisse in dem anschließend von mir übernommenen Staatsjagdrevier Kempter Wald des Forstamtes Betzigau, später Kempten, ebenfalls im Allgäu.

Noch 1974 betrug der Abschuß in der rund 1800 ha großen Staatsjagd nur ganze 30 Rehe, wobei jeder ›gefundene Knochen‹ als Fallwild mit einbezogen wurde. Dies entsprach auch dem langjährigen Mittel. Schon im folgenden Jagdjahr 1975 wurde rechnerisch der gesamte Grundbestand totgeschossen, nämlich 73 Stück Rehwild. 1976 konnte der Abschuß dann trotzdem nochmals mühelos verdoppelt werden; genau auf 129 Rehe. Spätestens jetzt hätte – unterstellt man, daß die früheren ›Zählungen‹ wenigstens auf ±50% genau gewesen wären – im und unmittelbar um den Kempter Wald kein Reh mehr leben dürfen. Im Jahre 1977 willigte die Forstamtsleitung dann zähneknirschend und gegen den erbitterten Widerstand der forstlich verantwortlichen Revierleiter auf einen Abschuß von 164 Rehen

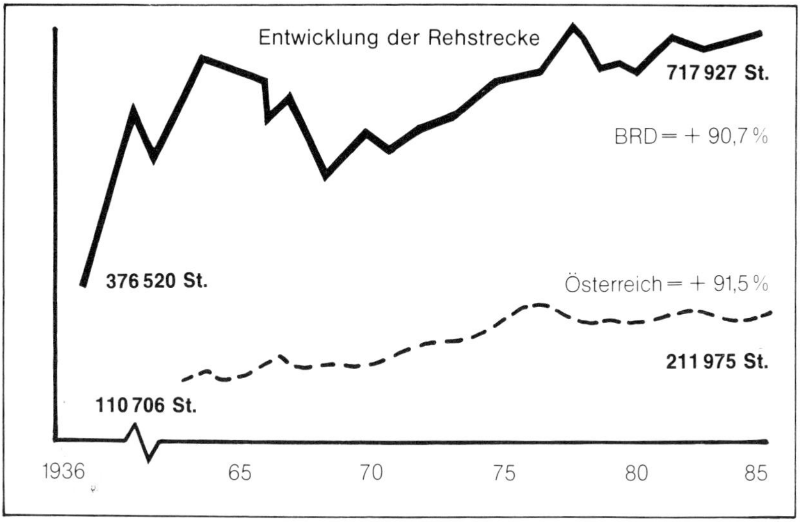

In der Bundesrepublik werden heute – trotz Zersiedelung der Landschaft, weitgehender Überbauung, Verkehrsverluste und Mähmaschinen– fast doppelt soviel Rehe geschossen als 1936. – In Österreich stieg die Rehstrecke von 1963 bis 85 um 91,5%. In der DDR und andere europäischen Ländern ist die Entwicklung die gleiche.
Ein schlagender Beweis dafür, daß wir Jäger in der Vergangenheit nicht in der Lage waren, die Bestände auch nur annähernd zu erfassen!

ein. Aufgrund des großen, teils auch wohl politischen Druckes von außen – nicht weil die Rehe unter die Grenze der Bejagbarkeit geraten wären – wurde der Abschuß 1978 auf 141 Rehe zurückgenommen und 1979 (nachdem klar war, daß kein Berufsjäger mehr zur Verfügung stehen würde) auf 98 Rehe.

Zum Verständnis sei gesagt, daß es sich bei der Staatsjagd Kempter-Wald um ein fast reines Waldrevier handelte, in dem zusätzlich Rotwild vorkam. Auch zu Zeiten meines höchsten Abschusses bestand keine Notwendigkeit für Stöber- oder Drückjagd. Doch muß der Objektivität halber auch gesagt werden, daß es ganzjährig die Jagd Ausübende gab, die – vorgeblich mangels Masse – im Jahr noch keine drei weiblichen Rehe zusammenbrachten. Es waren, so die Argumentation, einfach keine mehr da.
Es ist nicht überheblich und sicher legitim anzunehmen, daß die Fähigkeit Rehe zu ›zählen‹ oder zumindest auf ±100% Ungenauigkeit hin zu erfassen, genau so ungleich ausgebildet ist wie jene sie zu erlegen!
Die Staatsforstverwaltung – nicht nur die Bayerns – hätte hier aber eine unbedingte Vorbildfunktion zu erfüllen. Es ist unlauter, die Privatjäger mit erhobe-

Regierungsbezirk Tübingen

Kreisjagdamt Ravensburg

Jagdstrecke 1987/88 und Abschußplan[2]) 1988/89

Jagdvorstand – Eigenjagdbesitzer[4])

Wildart	Vorjahr					
1. Rehwild	bestätigt, festgesetzt	erlegt	Fallwild*)	insgesamt	davon Verkehrsverluste	Wildschadenersatz DM
Böcke	6	7	1	8		
Geißen, Schmalrehe	9	11	–	11	1	
Kitze	12	9	–	9	–	
zusammen	27	27	1	28		

In den Rehwildabschußplänen Baden-Württembergs gibt es keine Bestandserfassung und keinerlei Klassifizierung ...

nem Zeigefinger zu ermahnen, wenn man gleichzeitig nicht in der Lage ist, die waldbaulichen und jagdpolitischen Zielvorstellungen wenigstens bei allen eigenen Beamten voll durchzusetzen. Immerhin galt der ›Förster‹ über Jahrhunderte hinweg den Privatjägern als absolutes jagdliches Vorbild. Bis vor wenigen Jahren gab es in Bayern außerhalb des Hochgebirges Staatsjagdreviere, die sich mit einem Rehwildabschuß von 1,8 Stück/100 ha begnügten.
Es ist sicherlich kein spezifisch deutsches Problem, wenn die Jäger ihre Rehbestände insgesamt weit unterschätzen. Der früh verstorbene Landesjägermeister der Steiermark, Graf Kottulinsky wies 1979 darauf hin, daß man in der Steiermark den Rehwildabschuß innerhalb von 10 Jahren von 27 000 auf 56 000 Rehe gesteigert habe, ohne den Bestand zu gefährden. Auch an diesem Beispiel wird deutlich, in welchem Maße die Rehe vielerorts unterbejagt werden, und es widerlegt die Behauptung, Rehe würden ohne unser jägerisches Zutun ›explodieren‹. Nicht wir Jäger, sondern die globalen Umweltbedingungen regulieren sie.
Ein Umdenkprozeß ist längst im Gange. In ihm liegt die einzige Chance, den Jägern längerfristig das Recht an der Abschußplanung zu erhalten.
In der Konsequenz rotten nicht jene Jäger das Rehwild aus, die eine jagdliche Nutzung (sprich Abschuß) bis zur tatsächlichen Regulation betreiben, sondern jene, die sich zeitbedingter Notwendigkeit und dem Kenntnisstand der Wildforschung verschließen!
Die heutige, teils unser jägerisches Fortbestehen bedrohende Konfrontation

emeinschaftl. Jagdbezirk[1]) ______

igenjagdbezirk[1]) Eglofs

röße des Jagdbezirks[3]) 158 ha Wald, 181 ha Feld, zusammen 339 ha

agdpächter (bzw. Beauftragter)[5]) ______

aufendes Jagdjahr		Strecke und Wildschadenersatz im Vorjahr				
Antrag	bestätigt, festgesetzt	Wildart	erlegt	Fallwild	Wild-schaden-ersatz DM	Aufgestellt
6						
12						Siggen, 1.4.88 (Ort, Datum)
12		Schwarzwild				
30		- Keiler				
		- Bachen				(Eigenjagdbesitzer, Jagdpächter)

...trotzdem ist das baden-württembergische Rehwild für seine Qualität bekannt.

zwischen Jagd einerseits und Forst/Öffentlichkeit andererseits, ist das Ergebnis einer starren Nichtzurkenntnisnahme von Fakten und Ergebnissen aus Wildforschung und Jagdpraxis!

Heute haben wir längst Beispiele von langjährigen Abschußquoten, welche die von mir weiter oben angeführten weit übertreffen. Reviere, die heute nachhaltig 40 Rehe/100 ha Waldfläche schießen und die früher ihre ›Zählergebnisse‹ mit Kommastellen unter zehn ausdrückten.

Wie also sollen wir unseren Rehwildbestand halbwegs glaubhaft erfassen? Baden-Württemberg liefert uns ein praktikables Modell. Hier legen die Jäger den Abschußplan alljährlich ohne Angabe des Bestandes vor (s. Abb. oben). Der Jagdausübungsberechtigte trägt lediglich seinen nach bisherigen Erfahrungen zu verantwortenden Abschußvorschlag ein; untergliedert lediglich in Böcke, Geißen und Kitze. Dieser Vorschlag wird von der unteren Jagdbehörde bestätigt oder korrigiert. Als *Entscheidungshilfe* dient der Behörde das forstliche Gutachten, das vor Entscheid auch dem Jagdausübungsberechtigten zur Stellungnahme zugeleitet werden muß. Es gibt dabei zwei berechtigte Gründe, den Abschuß zu steigern:

– die Freude an einer für den Wildbestand unschädlichen Nutzung (dafür jagen wir doch wohl!),
– die Notwendigkeit aufgrund der Verbißsituation.

Es ist schlicht pervers, aber gegenwärtig sind es gerade und nur die Waldschäden, die uns eine weitere Bejagung des Rehwildes garantieren!

Wie man sich täuschen kann

Nur ein einziges Beispiel für grobe Täuschung bei der ›Bestandesinventur‹ will ich aus meiner eigenen Praxis vortragen: Die Daten sind authentisch und stammen aus meinem heutigen Revier:

> 21. April: Ich sehe bei der Revierarbeit auf der Wiese vor Abteilung V einen Einstangler, offenbar ist es ein Jährling. Ich habe kein Spektiv bei mir; der Bock zieht ein.
> 8. Mai: Ich sehe ›meinen‹ Einstangler oberhalb der Abteilung II, das sind Luftlinie nur etwa 300 m.
> 31. Mai: Ich sehe zwei Einstangler oberhalb der Abteilung II gleichzeitig. Einer hat die Stange rechts, der andere hat sie links. Also Nr. 3 + 4.
> 11. Juni: Ich mähe den Steig bei Abteilung V aus und sehe vermeintlich diese beiden Jährlinge aus Abteilung II. In Wirklichkeit handelt es sich aber um zwei andere. Aber darauf komme ich erst später.
> 20. Juli: Auf der Wiese bei Abteilung V läßt sich der eine Einstangler bei gutem Licht im Spektiv anschauen. Er hat nur einen glatten, grauen Spieß – links. Er wird zur Nummer 1.
> 21. Juli: Der Bock steht wieder auf der Wiese, glatter, grauer Spieß ohne Ansatz einer Vereckung, aber – rechts! Bock Nummer 2.
> 27. Juli: Bei Abteilung II stehen die Böcke Nummer 3 + 4. Ich spreche beide bei bestem Licht mit dem Spektiv an und entdecke, daß jeder deutlich Ansatz zu einer Vordersprosse hat. Eine halbe Stunde später gehe ich weiter zur Abteilung V; dort steht Nummer 2. Ich bestätige nochmals, daß er nur eine völlig glatte Stange hat. Es sind also mindestens drei verschiedene Einstangler.
> 28. Juli: Bei Abteilung V steht Bock 1. Ich bestätige nochmals seine glatte, rechte Stange, ohne Ansatz einer Vereckung. Also vier verschiedene Einstangler, Luftlinie 300 m auseinander!

Was, wenn ich weniger kritisch angesprochen hätte, was, wenn ich – wie 95% aller Jäger! – nur am Wochenende Zeit für die Jagd gehabt hätte, anstelle meiner meist sieben Jagdtage pro Woche?!

Zähltreiben, ein Weg zur Bestandserfassung?

Bisher wurde eigentlich nur gesagt, wie die in einem Revier lebenden Rehe nicht zu erfassen sind, nämlich durch die übliche Beobachtung während der Jagd. Offen blieb die Frage, wie wir nun aber doch einen annähernden Überblick über die lokalen Rehwildbestände gewinnen könnten. Hierzu beschreibt v. Berg schon 1979 ein Verfahren, das unter günstigen lokalen Bedingungen

Sträucher, die vom Rehwild gerne verbissen werden (Seite 65/66):

Schwarzdorn (*Prunus spinosa*), wärmeliebender Kalkweiser; Schwarzer Holunder (*Sambucus nigra*), Weiser für gute Nährstoffversorgung und frische Böden; Roter Holunder (*Sambucus racemosa*), lichtliebender Kalkweiser.

Ginster (*Cýtisus scopárius*), Weiser für trockene, kalkarme Standorte; Schneeball (*Viburnum opulus*), Feuchtigkeitszeiger; Eberesche (*Sorbus aucupária*), wächst auf sauren, verdichteten Böden.

Nur ein kleines Tobel trennt die beiden Wiesen von den Forstabteilungen 2 und 5. Trotzdem lebten hier gleichzeitig vier Einstangler-Jährlinge, die bei flüchtiger Betrachtung gar nicht erkannt wurden. (Luftamt Südbayern, Luftbild-Nr. 5966)

zielführend sein kann. Nach allen bisherigen Erfahrungen muß aber gesagt werden, daß es nicht geeignet ist, Rehwildbestände in großen Waldbeständen zu erfassen. Seine Schwächen liegen im unverhältnismäßig großen Aufwand, am Bedarf an Zähltreibern. Somit ist es eher ein Verfahren zur sporadischen Aufhellung der Dunkelziffern als zur ›exakten Zählung‹ von Rehbeständen. Trotzdem scheint es mir wert, darüber zu berichten, weil der praktizierende Jäger sehr viele wichtige Schlüsse daraus ziehen kann.
Mitchell u. McCowan [1980] berichten von einem Zähltreiben in einem relativ kleinen Gehege, das nach üblicher Einschätzung überschaubar ist.
In diesem nur 20 ha großen Gehege, an einem Hang mit 20 Grad Neigung gelegen, 30% offene Flächen mit Heidekraut, Pfeifengras, usw., der Rest gute Deckung mit 15jähriger Kiefer, Adlerfarn und fleckenweise Erlen, Weiden und Ebereschen, lebten drei individuell bekannte Rehe. Es wurden mehrere experimentelle Zähltreiben – jeweils im Abstand von etlichen Tagen – durchgeführt. Dabei durchkämmten 4 bis 7 Treiber in einem Abstand von etwa 50 Meter das Gehege, ohne daß in insgesamt acht Treiben auch nur ein einziges Reh gesehen wurde. Erst bei einem Einsatz von je 10 bis 15 Treibern, im Abstand von etwa 25 m, kamen im Laufe von 22 Treiben insgesamt 26 mal Rehe in Anblick;

im Durchschnitt 1,2 Rehe pro Treiben, oder anders ausgedrückt: 40% des Bestandes.
Drei Rehe auf 20 ha entsprechen einer Wilddichte von 15 Rehen/100 ha. Also einmal mehr der Beweis, wie perfekt sich Rehe zu drücken vermögen.
Hierzu ganz kurz ein Erlebnis aus dem letzten Sommer, das zwar mit Zähltreiben nichts zu tun hat, aber bezeichnend ist, für *die Fähigkeit der Rehe sich unsichtbar zu machen:*

> Ich kam am Abend erst von einer Dienstreise zurück und für den Abendansitz war es eigentlich schon zu spät. So entschlossen sich meine Frau und ich zu einem kleinen Spaziergang rund um die ans Forsthaus angrenzende Waldabteilung. Als wir oben bei ›Müllers Kathrin‹ aus dem geschlossenen Wald auf die Wiese hinaustraten, äste nicht mehr als zwanzig Meter neben dem Weg ein Rehbock. Er stand spitz, uns abgewendet, wir waren ganz leise gegangen und der Wind stand uns entgegen. Einige Minuten mochten wir, so den Rehbock beobachtend, verharrt haben, dabei immer wieder einmal unsere Blicke auf die untergehende Sonne richtend. Da war der Bock von einer Sekunde zur anderen verschwunden. Geflüchtet konnte er nicht sein, das hätten wir bemerken müssen; aufgelöst hatte er sich auch nicht. Wir schauten uns verdutzt an, gingen dann aber langsam weiter, bis wir auf gleicher Höhe mit der Stelle waren, auf der eben noch der Bock gestanden hatte. Das Gras der ungemähten Wiese war nicht übermäßig hoch, und ich hätte vorher geschworen, jeden sich drückenden Hasen darin zu finden. Ein Rehbock schien darin keinesfalls zu übersehen zu sein – meinten wir. Schritt für Schritt gingen wir, zehn Meter nebeneinander, in die Wiese hinein. Hier mußte er irgendwo gestanden haben – nichts! Einige Schritte nach links, einige nach rechts, einige vor und zurück. Ratlos unterhielten wir uns, langsam an unseren Sinnen zweifelnd. Erst als wir uns wieder dem Weg zuwandten, fuhr kaum fünf Meter hinter uns der Bock aus dem Gras und flüchtete ohne Schrecklaut in den Wald.

Wie oft mögen sich die Rehe schon so oder ähnlich meisterhaft gedrückt haben, wenn meine Frau versuchte, mir eine Dickung zu drücken und – scheinbar – wieder einmal kein einziges Reh in dieser steckte!
Zähltreiben – um aufs Thema zurückzukommen – erfordern also eine große Zahl von dicht nebeneinander gehenden Treibern. Daß dieser große Aufwand gerechtfertigt sein kann, um brauchbare Ausgangsdaten für künftige Abschußplanung zu liefern, darüber berichtete DESELAERS im Niedersächsischen Jäger 21/87. Beteiligt waren an diesem Unternehmen 87(!) Treiber. Getrieben wurden zwei mir selbst bestens vertraute, kleine, jeweils isoliert in der Feldflur liegende Waldflächen des Forstamtes Springe (Niedersachsen): das Hallerburger Holz mit 140 ha und Studen/Horn mit 60 ha. Um diese beiden Wäldchen liegen 960 ha Feldfluren und weitere 40 ha isolierte Waldparzellen.

Fünf Jahre zuvor hatte man eine Abschußgemeinschaft für Rehwild gebildet, welche die Abschußpläne gemeinsam erstellt und jährlich eine Trophäenschau durchführt. Seit Gründung dieser Gemeinschaft wurden jährlich 50 Rehe erlegt (inklusive Fallwild), das entspricht drei Rehen auf 100 ha. Das Hallerburger Holz ist gleichzeitig zum Jägerlehrhof gehörendes Lehrrevier der Landesjägerschaft Niedersachsen und wird neben den dort Dienst tuenden Forstbeamten ständig von Berufsjägern begangen und betreut. Deren Schätzungen des Rehwildbestandes schwankten für das Hallerburger Holz zwischen 30 und 60 Stück (20 bis 40 Stück/100 ha). Die zivile Jägerei schwächte immer ab und machte geltend, die Rehe würden zwischen den beiden größeren Waldstücken hin- und herwechseln.
Die Zähltreiber durchkämmten die Waldstücke von deren Schmalseite her, und sie standen dabei immer in Sichtkontakt. Um die Treiben herum waren Zähler postiert, die sich in die Front einreihten, sobald diese an ihnen vorbeikam. Damit waren die Kreise immer geschlossen. Getrieben wurde bewußt langsam und jeder Teilnehmer zählte nur jenes Wild, das zwischen ihm und seinem rechten Nachbar hinaus-, gelegentlich auch hereinwechselte. Alle Rehe wurden in mitgeführte, vorbereitete Kärtchen eingetragen. Damit war sichergestellt, daß kein Reh doppelt gezählt wurde. Auf diese Weise kamen in den beiden Waldkomplexen 150 Rehe zu Papier.
Damit hatte man mittelfristig eine brauchbare Grundlage für die Abschußplanung geschaffen. Die bisherige Jahresquote von 50 Rehen erwies sich eindeutig als unter dem Zuwachs liegend. Das heißt, man könnte den Abschuß verdoppeln, ohne dabei den Grundbestand anzutasten. Allerdings reicht eine Abschußverdoppelung nur theoretisch aus, denn die Natur wird auf einen stärkeren Eingriff mit sinkender natürlicher Mortalität und stärkerer Reproduktion reagieren. Das aber bedeutet, daß die angestrebte Verdoppelung wahrscheinlich nicht annähernd genügen wird, um auch nur den ›neuen‹ Zuwachs zu nutzen, von einer notwendigen Verringerung des Grundbestandes ganz zu schweigen.
Was läßt sich daraus ableiten?
Zähltreiben können auch in größeren Waldkomplexen sinnvoll sein, wenn es darum geht, auf Stichprobenbasis die etwaige Dunkelziffer zu ergründen, um daraus auf den Bestand hochzuschätzen. Das größte Problem wird immer die Mobilisierung einer ausreichend großen Zahl *geeigneter* Leute sein.
Was bei üblichen Treiben an Rehwild gesehen – besser nicht gesehen(!) – wird, beschreibt Gossow [1976]:
Die Wildforschungsstation Kalö (Dänemark) markierte im Februar 1956 in einem isolierten Waldstück von ca. 165 ha 38 Rehe mit Halsbändern. Nach einigen Tagen wurde eine ›Zähldrückjagd‹ mit Treibern und Hunden veranstaltet. Dabei wurden auf besagter Fläche im Laufe mehrere Stunden insgesamt 11 Rehe gesehen, davon waren nur 4 Rehe markiert. Das heißt, von 38 markierten Rehen hatten sich – trotz jagender Hunde(!) – 34 erfolgreich gedrückt...
Sehr aufschlußreich erwiesen sich Zähltreiben im Bereich einiger zum Regie-

rungspräsidium Kassel gehörenden Forstämter in den Jahren 1986 bis 1988 (siehe Abb. auf Seite 71). Besonders interessant sind dabei die Ergebnisse aus dem Forstamt Rotenburg an der Fulda, über die HARTWIG in ›Die Pirsch‹ berichtete. Das Forstamt Rotenburg ließ Flächen zwischen 93 und 118 Hektar jeweils im Sommer (5. Juli) und im Herbst (9. November) von minimal 160 Personen treiben. Die in den Revierförstereien Lüdersdorf, Sterkelshausen und Heinebach liegenden Flächen wurden so ausgesucht, daß sie nach Lage, Oberflächenstruktur, Verteilung von Holzbodenfläche, Nichtholzbodenfläche sowie Baumarten und Altersklassen möglichst repräsentativ für das jeweilige Revier waren. Die Außenlinien sollten möglichst gerade sein, die Größe war durch die zur Verfügung stehende Zahl der Zähltreiber begrenzt.
Bemerkenswertes Ergebnis: Im Herbst wurden trotz des bereits angelaufenen Abschusses (!) – *insgesamt* – deutlich mehr Rehe gezählt als im Sommer! Ganz offensichtlich ließen sich die Kitze im Sommer, trotz der dichten Treiberwehr, einfach überlaufen und blieben liegen.
Im Revier Sterkelshausen allerdings waren Sommer- *und* Herbstergebnis nahezu gleich. In Lüdersdorf hingegen wurden im November etwa doppelt so viele Rehe gezählt wie im Juli = 42:20 je 100 ha. Noch drastischer fiel das Ergebnis in Heinebach aus. Dort liefen im November 30 und im Juli nur 12 Rehe je 100 ha durch die Treiber.
Im Revier Lüdersdorf wurde zuvor von einem angrenzenden Jagdausübungsberechtigten behauptet, der Staat schösse alles Rehwild tot; es erwies sich mit einer gezählten Mindestwilddichte von fast 44 Rehen/100 ha als das rehwildreichste – jedenfalls auf der getriebenen Fläche.
Wie unterschiedlich Rehwilddichten auch innerhalb eines Forstamtes oder eines Hegeringes sein können, zeigen die Ergebnisse aus dem Forstamt Burghaun im November 1987, wobei 4 Flächen von insgesamt 309,7 ha getrieben wurden. Der niederste Wert lag bei 8,5 Rehe/100 ha, der höchste bei 42,6 Rehe/100 ha. Dies entspricht den Erfahrungen am Forstamt Kassel, wo die Ergebnisse 10,7 und 42,6 Rehe/100 ha waren.
Zweifellos hängt die Wilddichte von zahlreichen, teils auch innerhalb eines einzelnen Jagdreviers schwankenden Faktoren ab wie: Feld-Wald-Struktur, insbesondere Nadelholzanteil, Baumartenzusammensetzung, Altersklassenstruktur und natürlich auch Lebensraumkonkurrenz (Rot-, Dam-, Muffelwild). Damit wird aber um so deutlicher, mit welch gleichmacherischer Arroganz in vielen sogenannten Hegegemeinschaften vorgegangen wird. Man hat seine feste – selbstverständlich richtige – Meinung über die jeweilige Wilddichte (meist sieht man sie als Wild*dünne*) und betrachtet diese als verbindlich für den Rest der Welt. Ich halte es für eine Zumutung, wenn irgend ein Organ oder eine Person, sei es eine Amtsperson oder der Vertreter eines Jagdvereines glaubt sagen zu können, wieviel Rehe es in meinem oder jenem Revier gibt und welcher Abschuß gefälligst richtig zu sein hat.
Rehdichten sind ganz unterschiedlich (meist aber wesentlich höher als erwar-

tet) und ebenso unterschiedlich ist die Rehverträglichkeit der jeweiligen Vegetation. Zehn Rehe hier können für den Wald entschieden zu viel sein, dreißig dort aber durchaus noch erträglich. Die Vegetation ist alleiniger Weiser für die zulässige *Höchst*wilddichte. Dazu braucht es auch keiner Zahlenspielereien auf behördlichem Papier.

Und wenn der Rest der Vereinswaidgerechtigkeit Kopf steht: Wohin ich auch kam, in Deutschland wie in Österreich, es gab überall Revierinhaber, die offen oder hinter vorgehaltener Hand bekannten, weit mehr oder weit weniger, weitgehend nur Böcke oder weitgehend ausgeglichen zu schießen. Oft und oft wurde mir versichert, man schieße ohnehin weit mehr als auf dem Plan stünde, könne dies aber niemals offen sagen oder fordern – erstens wegen der Nachbarn, zweitens wegen der Neuverpachtung und dem dann höheren Jagdwert!

Sei die Frage erlaubt, welchen Sinn ein Abschußplan für die *Massen*-Wildart Reh haben soll. Würde man für den in vielen Teilen des Bundesgebietes weit selteneren Hasen einen Abschußplan fordern, gar noch eine Aufgliederung des Abschusses nach Geschlechts-, Alters- und Güteklassen, der Protest wäre sicher noch lauter als beim ›Rabenvogel-Erlaß‹ – heiliges Reh!

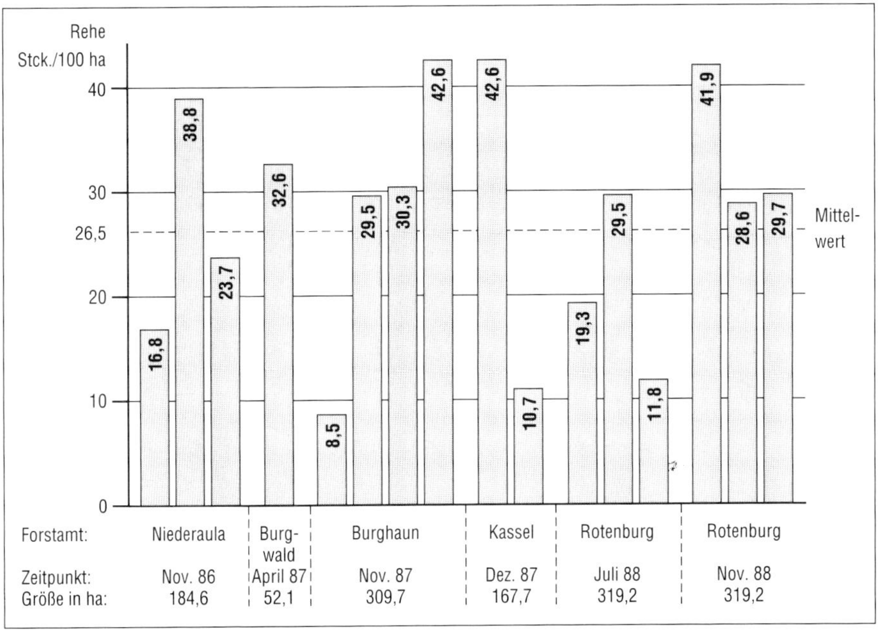

Zähltreiben in Nordhessen.

Hege – was ist das?

Heilige Heuchelei

Der Hegebegriff hat sich im Laufe der Jahrhunderte ständig gewandelt. Heute scheint er eine oft nach persönlichen Motiven ausgedeutete Wertauffassung zu sein. Das Hegeziel nahm und nimmt in erster Linie Rücksicht auf die persönlichen Anschauungen und Ziele des Hegers. Wir sprechen vom ›armen Wild, das die Zeche zu bezahlen hat‹, wenn der Nachbar an der Grenze einen Rehbock schießt und natürlich war jener ›die Zukunft des Reviers‹ – eine Todsünde. Hätten wir diesen Bock auf unserer Grenzseite selbst geschossen, wäre er zum ›verdienten Lohn der Hege‹ geworden.
Da sei erinnert an den typischen Rehheger im negativen Sinne, dem ›Jäger von echtem (altem) Schrot und Korn‹, so wie er unserer Generation in Wort und Schrift als Vorbild präsentiert wurde. Noch heute spukt er durch manche Jungjägerlehrgänge. Sein Ziel war und ist – koste es was es wolle und sei's das Wohlbefinden der Rehe selbst – ein zahlenmäßig ›guter‹, sprich möglichst hoher Rehwildbestand. Der Heger mag die Schar seiner Lieben nach Art eines Hausvaters um den Hochsitz versammelt wissen, und mit Kennerblick sparsam merzen, was seiner Hege nicht würdig erscheint. Er suggeriert sich selbst Lebensläufe seiner einzelnen Rehe (der ›gute Vererber‹, die ›bewährte Altmutter‹ und der ›Zukunftsbock‹) an Hand ihrer momentanen optischen Erscheinung, und er glaubt an den ihnen zugedachten Entwicklungsgang. Er versucht nach landwirtschaftlichen Gepflogenheiten zu ›züchten‹.
Sein Gegenspieler schießt so ziemlich jeden der ›kleinen roten Knospenbeißer‹ vor den Kopf oder ›an den Ranzen‹, wie es ein Schwabe auszudrücken pflegt.
Beide berufen sich auf das Bundesjagdgesetz, auf jenen ominösen Gummiparagraphen Numero zwo. Dieser sagt, die Hege habe zum Ziel einen gesunden, artenreichen Wildbestand, wobei Schäden wirtschaftlicher Art zu vermeiden seien. Jene, die so laut auf den artenreichen Wildbestand pochen, klammern in der Regel Habicht, Luchs und Co. vorsorglich aus; sie würden ihrem Hegeverständnis zuwiderlaufen. Und die reinen ›Schadensvermeider‹ sind gerne geneigt, mit der radikalen Wildschadensvermeidung ihre eigene berufsbedingte Schadensträchtigkeit zu kompensieren.
Versuchen wir die Hege auf elementare Werte für die Rehe selbst zurückzuführen:

> Lebensraum, der ihnen die Befriedigung ihrer naturgewollten Bedürfnisse sichert, artgerechte und ausreichende Nahrung, soziale Ausgeglichenheit,

einen auf das unabdingbare Mindestmaß reduzierten Jagddruck und eben die Erhaltung der Art, zu der zweifelsfrei eine gesunde Regulation gehört. Eine so verstandene und praktizierte Hege ermöglicht hin und wieder auch starke Trophäen und andererseits die Grundvoraussetzungen zur Schaffung und Erhaltung einer harmonischen Landschaft – Lebensraum der Rehe!

Trophäenheger

Man kann dieses blöde Wort schon nicht mehr hören, das uns hirnlose Einfalt fast täglich vorwirft. Gemeint werden damit nämlich jene, die ihre Rehbestände unternutzen. Gerade sie kann man aber schwerlich als Trophäenjäger bezeichnen. Ihr Manko ist ja, daß sie viel zu wenige Trophäen sammeln, und durch ihre jagdliche Trägheit eine größere Zahl guter Trophäen verhindern! Es ist ja auch noch keine zwei Jahrzehnte her, als uns die gerade aufkeimende Wildbiologie öffentlich belehrte, eine Reduzierung der Rehbestände führe zu besseren Trophäen.
Nein! Der wirkliche Trophäenjäger, welche Trophäenqualität er auch immer bevorzugt, muß eben so ziemlich jeden Rehbock ›vor den Kopf schießen‹, den er sieht. Dann und nur dann sammelt er viele Trophäen und gelegentlich auch weit bessere!
Aber den Trophäenheger gibt es trotzdem. Er versucht mit meist unzureichenden Mitteln die gewünschten Trophäen durch Mast zu erzeugen. Dabei produziert er eher eine große Zahl mittelmäßiger Rehe, als wirkliche ›Spitzentrophäen‹. Welch große Probleme eine Intensivfütterung für Wild, Landschaft und – Jäger bringen kann, sehen wir im Kapitel ›Fütterung – ja oder nein?‹.
Ist es überhaupt statthaft – moralisch –, Trophäenjäger zu sein, sich an starken oder vielen Trophäen zu erfreuen? Nun, ich möchte da zunächst trennen zwischen dem gezielten Sammeln starker Trophäen und der Freude an den mehr zufällig errungenen, beziehungsweise der Freude an jeder Trophäe schlechthin. Das Rehgeweih kann ja schließlich auch Symbol für die Umstände der Erlegung sein. Beides halte ich für legal und freue mich selbst über (fast) jeden erlegten Rehbock, doch wird diese Freude gleichrangig von den Begleitumständen bestimmt, nicht allein von der Geweihstärke. Trophäensammeln ist übrigens eine Eigenschaft, die bei vielen Gesellschaftsschichten und Lebensformen auftritt und – außer bei der Jagd – zu immensen Umweltschäden führt. Erinnert sei nur an die lebensbedrohenden Umweltschäden als Folge professionellen Trophäensammelns im Skisport!

Wenn nun irgend jemand seine Freude auf besonders starke Rehgeweihe beschränken will, und versucht, diese durch Anwendung landwirtschaftlicher Praktiken gezielt zu reproduzieren, dann ist das doch absolut legal –

solange er damit keinen Schaden anrichtet! Den Begriff Hege sollten wir aber nur im jagdlichen, nicht im pseudolandwirtschaftlichen Bereich verwenden.

Forstliche Fehler

Immer wieder wird die Forderung nach gebietsweiser Reduktion der Rehe zu Gunsten der Landeskultur mit dem Hinweis auf forstliche Fehler in der Vergangenheit abgelehnt: »Die Förster haben die Fichtenmonokulturen selbst gewollt und geschaffen, nicht das Wild ist schuld an diesem Zustand«. Tatsächlich wurden fast alle natürlichen Waldgesellschaften irgendwann einmal – sei es durch Raubbau oder dann nach betriebswirtschaftlichen Gesichtspunkten – zerstört. Tatsächlich wurden noch nach dem letzten Krieg Buchenwälder vom Flugzeug aus totgespritzt, tatsächlich wurden Samenbuchen im Bergmischwald radikal geringelt, oft auch die Weißtanne als minderwertig und schlecht verkäuflich, frühzeitig aus den Beständen herausgereinigt, der Nieder- und Mittelwald in Hochwald überführt, und ganz überstanden ist dieser Prozeß immer noch nicht. Ich muß mich nur in meiner engeren Umgebung umsehen: Viele Bauern, von der forstlichen Beratung jahrelang so getrimmt, hauen heute noch jede Buche, jeden Ahorn, jede Esche und jede Vogelbeere aus ihren

Auch der Mensch und sein Wirken ist unabdingbar Teil des vielzitierten Ökosystems und er wirft die meisten Naturgesetze über den Haufen. So kommt es, daß wie hier über 80% der Brombeerblätter Ende des Winters noch an den Ranken hängen, die Hauptbaumart Fichte auf gleichem Standort trotzdem zur Hälfte Leittriebverbiß aufweist.

Fichten heraus. Einer der schlimmsten Schreier und Wildfeinde in meinem alten Isnyer Revier vernichtete in den Steillagen der Adelegg die – trotz Wild gewachsene (!) – Buchenverjüngung und pflanzte, forstlich beraten, hinterm Zaun die reine Fichte. Aber der Großteil der heutigen Forstgeneration hat doch aus den Fehlern der Vergangenheit gelernt. Darüber sollten gerade wir Jäger uns freuen. Auch wir wehren uns doch, wenn man uns die Fehlentscheidungen der Vorgänger anlastet.

Auch hinsichtlich der handwerklichen Vollkommenheit und der geistigen Beweglichkeit bestehen beide Berufsgruppen nur aus Menschen. Es gibt in jedem Beruf die ›ewig Mittelmäßigen‹; wir sehen es an uns selbst! Wildfeinde habe ich unter Forstleuten weniger gefunden als uneinsichtige Zahlenheger!

Natürliche Landschaft

Der ›naturnahe‹ Wald wird heute angestrebt. Das ist, wenn man genau hinhört, eine ehrliche Antwort. ›Naturnaher‹, nicht Naturwald! Das Betriebsziel wird fast immer von wirtschaftlichen Faktoren mitbestimmt. Die naturnahe Wirtschaftsform soll gleichermaßen die Rendite sichern, wie sie nur durch diese flächig ermöglicht wird. Wo immer heute in Europa Natur- oder Urwaldrefugien ausgewiesen werden, so stehen diese Flächen doch in kausaler Abhängigkeit zur Gesamtumwelt – sie sind nicht mehr unbeeinflußte Natur.

Damit ist es aber auch unbillig, völlig ›natürliche‹ Wildbestände zu fordern. Selbst wenn wir sie wollten, es wird sie nie mehr geben. Es sei denn, wir begreifen den derzeitigen Umweltzustand als ›natürlich‹. Insofern kann es im Einzelfall nicht nur legal, sondern auch zielführend sein, Wildbestände und Umweltausschnitte zu manipulieren.

Der Wildacker ist folglich so natürlich oder unnatürlich wie seine ganze Umgebung. Gleiches gilt, vom gedanklichen Ansatz her, für die Fütterung. Sicher ist sie in weiten Teilen der Bundesrepublik entbehrlich, es gibt aber auch Gebiete, in denen sie sinnfällig, ja notwendig sein kann. Sie ist dort ein zweckmäßiger Teil der Hege, der weder der Massenvermehrung von Rehen noch der übermäßigen Geweihbildung zu dienen hat. Sie ersetzt einfach die durch unser Wirtschafts- und Lebenssystem dem Wild genommenen Grundvoraussetzungen des Überlebens.

Jagdform kann Hege sein

Die Jagd selbst muß Hege sein, wenn sie den Wildbestand mit der Umwelt in Einklang bringt. Ganz einfach: Wer die überzähligen Rehe kurz und schmerzlos totschießt, damit die verbleibenden artgemäß leben können, der ›hegt‹ im

Wir schreien alle nach naturnahem Wald und begreifen Natur doch nur als eine etwas »ästhetischere« Wirtschaftsform. Das auf dem Bild ist ein vom Menschen kaum beeinflußter Naturwald in Hessen. Wer will ihn denn?

besten Sinne; nicht jener, der die kümmernden Rehe ob ihres Zustandes beweint! Aber auch die Art und Umstände der Erlegung qualifizieren eine Hege. Wenn die Jagdausübung vereinfacht und effizienter gemacht wird, dann mag das die ›Romantik‹ kosten, aber es erleichtert das Unvermeidbare – die Abschöpfung des Zuwachses. Wenn ich auf der Äsungsfläche an zwei Abenden fünf Rehe schieße und bei der kleinen Drückjagd nochmals vier, dann habe ich mich möglicherweise vieler besinnlicher Ansitzabende beraubt, doch die Rehe selbst habe ich damit psychisch und physisch gehegt.
Mit der Jagdform eng verknüpft ist auch die vielzitierte Waidgerechtigkeit. Auch sie soll ausschließlich dem Wild dienen und nicht eine Art jägerischer Folklore darstellen. Sie darf sich nicht ungleicher Maßstäbe bedienen.
In der Praxis sieht das dann so aus:

> Auf die drei durchwechselnden Sauen wird gekreist und eine Treibjagd inszeniert, sie werden hochflüchtig beschossen, und wenn die eventuell erlegten auch noch feierlich verblasen werden, nennen wir das ›waidgerechtes Jagen auf ritterliches Wild‹. Werden Rehe vorsichtig gedrückt, um den Jagddruck insgesamt zu mindern, dabei die verhoffenden Stücke geschossen, dann empfinden dies einige Leute als ›Schweinerei‹. – Nicht anders mit der Kirrung. Der Fuchs und die Sau werden selbst in strengster Notzeit gekirrt und dort geschossen, je mehr, um so besser. Richtig so. Schieß ich aber im Oktober die Rehe am Apfeltrester, weil ihrer zuviele sind und die Jagd dort am effektivsten ist, die Rehe am wenigsten beunruhigt werden und ich gut ansprechen kann, dann wird das wieder als Aasjägerei bezeichnet. Die Beispiele ließen sich fortsetzen. Dabei sind aber solche Jagdmethoden hinsichtlich ihrer Auswirkungen auf das Wild insgesamt – Hege!

Landschaft diktiert die Hege

Viele Jäger sträuben sich hartnäckig, den Preis für ihren und unser aller ›way of life‹ zur Kenntnis zu nehmen: Den ständigen Schwund freier Landschaft, ihre permanente Zerstückelung und die Entwertung unserer elementarsten Lebensgrundlagen. Es gibt wohl keinen Beruf in der zivilisierten Welt, der nicht an diesem Zerstörungsprozeß in irgendeiner Form beteiligt wäre. Damit haben wir Jäger die doppelte Pflicht, hegerische Konsequenzen zu ziehen.
Wo die Lebensräume des Wildes so zerschnitten werden, daß ein erheblicher Teil desselben dem *Straßenverkehr* zum Opfer fällt, muß der Jäger die Konsequenzen ziehen. Die richtigen wohlgemerkt; nicht Heranschonung von immer neuen, immer mehr Verkehrsopfern, sondern Verdünnung des Bestandes, um diese Opfer schon vorweg jagdlich zu nutzen. Kugeln sind humaner als Kotflügel!

Auch die mancherorts übergroßen *Mähverluste unter den Kitzen* werden zwar vordergründig durch Mähmaschinen verursacht, sind aber auch das Ergebnis einer nicht mehr umweltkonformen Jagdpolitik. Mir persönlich ist die vorbeugende jagdliche Nutzung lieber als jene mittels Mähmaschine.
Ganz aktuell ist dieser Gedanke beim *00-Raps.* Er fordert, wenn überhaupt, nur dort viele Opfer unter den Rehen, wo diese aus Hunger gezwungen sind, in die Felder zu ziehen und dort nichts anderes finden als eben diesen 00-Raps. Wohin ich in diesem Zusammenhang auch kam, überall wurde mir gesagt, man müsse jetzt erst wieder schonen, um die Verluste auszugleichen. Entgegengesetzt wäre der einzig richtige Weg in dieser Situation. Gerade beim Raps zeigt sich aber auch die enge Verflechtung der einzelnen Hegemaßnahmen und die restlose Auslieferung von Wild, Jagd und Hege an das Diktat der Umwelt. Wo die alles andere als ›natürlichen‹ 00-Raps-Sorten angebaut werden, ist eben auch der ablenkende Wildacker, die über Monate ernährende Fütterung und der verstärkte Abschuß eine einzig, gerechtfertigte Hegekette zum Ausgleich wirtschaftlich bedingter Widrigkeiten.

Wir müssen das Raubwild ersetzen...

Noch ein Nadelstich ins jägerische Empfinden: *der Luchs!*
Das Jagdgesetz verpflichtet den Jäger, das Wild vor seinen Feinden zu schützen. Ausgerechnet damit argumentierte ein Berufsjäger auf einen Kommentar von mir, der dem Luchs eine Lanze brechen sollte. Selbstverständlich kann man die Jagd als kommerzialisierte Form der landwirtschaftlichen Bodennutzung begreifen. Alle störenden ›Produktionsfaktoren‹ – etwa der Luchs – haben dann ihre Berechtigung verloren. Wir unterstellen damit aber auch die Jagd zwangsläufig einer betriebswirtschaftlichen Abwägung und Rentabilitätsberechnung seitens der Öffentlichkeit. Das heißt, wir verlieren unsere Berechtigung, immer und überall dort, wo es örtlich und/oder momentan eine rentablere Form der landwirtschaftlichen Bodennutzung gibt. Da stehen dann Damwildfarm, Golfplatz, Zeltlager, gezäunte Erdbeerplantage und hundert andere Dinge gewichtig neben ein paar entbehrlichen, freien Rehen, und neben den hochgerechneten Fichtenstämmen wird kein einziger Hirsch mehr bestehen. Sehen wir das so, und sind wir bereit, die Konsequenzen solcher Wirtschaftspolitik zu tragen, dann dürfen, ja müssen wir auf den Luchs verzichten. Daß die Jagd mit einem solchen Grundverständnis lange überlebt, ist eher unwahrscheinlich.
Ohne Zweifel, es gibt nicht mehr viele Landschaften in Mitteleuropa, die dem Luchs eine Heimat bieten könnten, die Mehrheit der Jäger wäre daher auch gar nicht betroffen. In den großen Waldgebieten, etwa in Teilen Hessens, Niedersachsens, im Schwarzwald, im Bayerischen Wald und erst recht in den Alpen könnte sich aber durchaus auch der Reh-Heger den Luchs leisten. Daß es

Wir müssen nicht das Raubwild ersetzen und wir können es auch kaum. Aber Jagd und Freude am Erbeuten ist legitim, wo es einer Art nicht schadet.

anfangs zu Problemen kommen kann, sei nicht verschwiegen. Der Luchs braucht Zeit um sich im Neuland zurechtzufinden, sich sicher zu fühlen. Solange dieser Prozeß nicht abgeschlossen ist, wird er in einem relativ kleinen Jagdgebiet wiederholt jagen und ›Schäden‹ anrichten. Diese ›Schäden‹ werden dort besonders groß sein, wo es viel und leicht erjagbares Beutewild – Rehe – gibt.

> Wie immer der einzelne Jäger zu dieser Frage steht, wir werden uns, (lehnen wir den Luchs *in geeigneten Lebensräumen* ab, unterstützen wir seine Rückwanderung so wie bisher mit Pulver und Blei) nach unserer Glaubwürdigkeit fragen lassen müssen. Nicht der Luchs steht letztendlich zur Disposition, sondern wir Jäger und unser Handwerk selbst!

Verbesserung der natürlichen Äsung

Äsungsflächen wozu?

Für die Anlage von Äsungsflächen, eingereiht unter den Begriff Reviergestaltung, gibt es mehrere Motive. Zumindest offiziell wird sie heute mit der Senkung oder gar Vermeidung von Wildschäden begründet und gefordert. Selbstverständlich wird ein Reh, das sich auf dem Wildacker den Pansen schon gefüllt hat, diesen in derselben Zeit nicht noch mit Fichten- oder Eichentrieben füllen! Trotzdem habe ich aufgrund eigener Erfahrung Zweifel daran, daß sich Wildschäden durch zusätzliche Äsung drastisch senken lassen. Wäre dem so, müßte sich die Jägerschaft die Frage gefallen lassen, warum nicht alle unverzüglich geeignete und genügend Äsungsflächen anlegen? Ferner die Frage, warum dann die Landesjagdverbände nicht alle Kraft und Mittel in solche Maßnahmen investieren?

Die Generalausrede auf solch unbequeme Fragerei ist immer die, daß es einfach an geeigneten Flächen mangle. Es gibt aber in nahezu jedem Waldrevier eine Fülle von geeigneten Flächen und im Feld sowieso. Die auf einen Massenertrag ausgerichteten Überlegungen eines Landwirtes dürfen wir uns dabei nicht zu eigen machen. Darauf habe nicht nur ich, sondern eine ganze Reihe anderer Autoren in den letzten Jahren hingewiesen.

Das Problem ist schlicht, daß mit einem quantitativ und qualitativ besseren Äsungsangebot auch die Fruchtbarkeit der Geißen steigt und zusätzlich fremde Rehe angezogen werden. Um aus der Anlage von Äsungsflächen irgendeinen hegerischen Nutzen zu ziehen, müssen wir die Zahl der Rehe zumindest auf dem Ausgangsstand halten, besser noch etwas absenken. Das heißt schlicht: mehr schießen! Gerade aber um dieses ›mehr Schießen‹ zu verhindern, wollen viele Jäger Äsungsflächen anlegen...

Eine andere, durchaus wichtige und richtige Funktion von Äsungsflächen kann die *Entzerrung winterlicher Wildkonzentrationen im Wald* sein. Äsungsflächen im Feld sind daher uneingeschränkt zu begrüßen. *Fast* uneingeschränkt, denn sie verlieren ihre positive Wirkung dort, wo im Winter hoher Schnee für viele Wochen jede Äsungspflanze zudeckt und sie kann sich ins Gegenteil umkehren, wenn es weit und breit nur eine einzige winterliche Feldäsung gibt. Dort nämlich konzentrieren sich die Rehe wiederum im nahen Wald.

Die einfachste, preisgünstigste und sicher beste Form der Wildäsung im Feld ist der *Zwischenfruchtanbau durch den Landwirt.* Hier haben die Jäger untereinander aber auch gegenüber den Landwirten noch viel Informationsarbeit zu leisten. Mancher Landwirt wäre zum Zwischenfruchtanbau gerne bereit, wenn sich der Jäger an den Saatgutkosten beteiligen würde. Dabei gilt die Devise:

Wildäcker im Wald sind teuer und im Rehwildrevier auch nicht immer die sinnvollste Lösung. Winterliche Äsung im Feld ist jedenfalls besser, weil sie Wildkonzentrationen wieder entzerrt.

Soweit wie möglich streuen. Nicht Hoffnung und Mittel auf wenige große Flächen setzen. Wo die Zwischenfrucht konzentriert wird, konzentrieren sich auch die Rehe mit allen daraus entstehenden Nachteilen. Selbstverständlich hilft der Zwischenfruchtanbau bei weitem nicht nur den Rehen, sondern allem Niederwild und darüber hinaus der freilebenden Tierwelt schlechthin.
Äsungsflächen können auch der praktischen Jagdausübung dienen. Ich sehe darin nicht zwingend einen Widerspruch. Man muß im Einzelfall die Umstände prüfen und entscheiden. ›Moralisch‹ ist es jedenfalls dasselbe, ob ich nun den Bock auf einem vom Bauern bewirtschafteten Kleeschlag erlege oder auf einer von mir eingesäten und gepflegten Kleefläche. Rehwild ist, im Vergleich mit anderen Schalenwildarten, ohnehin wenig empfindlich. Anders ist dies sicherlich beim Rotwild. Aber auch bei ihm sollten wir unterscheiden zwischen jenen Flächen, die dem Wild ohnehin nur während der heute ›üblichen‹ Austrittszeiten zugänglich sind, und jenen, die mitten in den Einständen liegen und auch am Tage besucht werden – vorausgesetzt, es fällt dort kein Schuß.
Halten wir uns ans Rehwild: Eine Vielzahl kleiner Äsungsflächen (Holzlagerplätze, Erdwege, Kulturflächen usw.) können sowohl zur raschen und sauberen Abschußerfüllung beitragen, als auch zur drastischen Minderung des Jagddruckes. Insofern mögen sie auch mittelbar den Verbißdruck mindern.
Zuweilen trifft man aber auch Jäger, die mit der Verbesserung der Äsung eine solche der Trophäen verbinden wollen. Motto: Kohl und Klee für internationale Punkte. Ich halte solche Wunschträume für ziemlich blauäugig und möchte dieses Thema nicht weiter vertiefen.

Erfahrungen aus Großversuchen

Mit der Vorgabe die Schäden an Forstpflanzen zu senken, wurden in den letzten Jahren in verschiedenen Bundesländern erhebliche Anstrengungen zur Schaffung zusätzlicher Äsung unternommen. Von Seite der Jagdverbände wurden die Landesforstverwaltungen immer wieder aufgefordert, mindestens ein bis zwei Prozent ihrer Holzbodenfläche in effiziente Äsungsflächen umzuwandeln. Allerdings hat meines Wissens bis dato noch kein Landesjagdverband selbst Zahlen veröffentlicht, aus denen hervorginge, wieviel Prozent Holzbodenfläche von seinen Mitgliedern in den nichtstaatlichen Revieren zu Äsungsflächen umgewandelt wurde.

Wer im Lande herumkommt, findet immer wieder bestätigt, daß es in der Regel einige wenige Revierinhaber sind, die Schlagwörter wie Reviergestaltung und Biotophege wirklich ernst nehmen und handeln. Der große Rest verlegt sich aufs Fordern und Zerreden!

Es ist auch nicht von der Hand zu weisen, daß ein Teil der Jäger in der Äsungsverbesserung (wie in der Fütterung) zunächst einmal eine Möglichkeit sieht, einen etwas höheren Wildbestand zu halten. Sofern sie diesen höheren Wildbestand in Bezug setzen zu jenem, der ohne zusätzliche Äsung landeskulturell verträglich wäre, ist ihr Anliegen berechtigt. Oft will man aber die ohnehin schon zu hohen Wildbestände noch weiter erhöhen. Oder – man ist nicht bereit, die aus einer Äsungsverbesserung resultierende erhöhte Zuwachsrate durch Jagd abzuschöpfen.

In Bayern antwortete die Staatsforstverwaltung zunächst mit einem 1975 begonnenen Großversuch zur ›Verbesserung der Lebensbedingungen des Wildes‹, kurz Modellplanung genannt, auf dieses Verlangen der Jagdverbände. Dabei sollten auch praktikable Methoden der Äsungsverbesserung gefunden werden, die dann landesweit in den Staatsforsten praktiziert werden sollten. Zur Modellplanung herangezogen wurden Forstämter mit ganz unterschiedlicher Struktur, also vom Gebirge im Süden, über das Flachland, bis zu den Hügeln Frankens.

Im Rahmen dieser Modellplanung entwickelte, zusammen mit der Bayerischen Futtersaatbau GmbH, Forstamtmann Rauwolf † den heute allgemein bekannten ›Wildackereintopf‹. Hierbei handelt es sich um Mischsaaten, die durch ihre breite Palette an raschwüchsigen Äsungspflanzen für die allermeisten Böden und für Höhenlagen bis zu 900 m anbauwürdig sind.

Ein Großversuch der Bayer. Forstlichen Versuchs- und Forschungsanstalt lief von 1982-1989 (ab 1973 als ›Modellplanung‹) in den fränkischen Forstämtern Nürnberg, Erlangen und Dinkelsbühl. Er sollte klären, inwieweit sich Wildverbiß durch Hegemaßnahmen senken läßt, aber auch welchen Einfluß Waldbesucher oder freilaufende Hunde auf Bewegungsaktivität und Energieverbrauch der Rehe haben. Leitgedanke war zunächst, daß künstliche Fütterung oder Äsungsverbesserung unter Umständen kostengünstiger sein könnte als die

Wie schauen wir ihn an: als ›Kroppzeug‹, ›bester Vererber‹ oder ›Lohn der Hege‹ – oder als ein Wildtier, dem wir ohne Pathos und Heuchelei begegnen wollen? Von unserer Antwort wird abhängen, ob wir auch künftig über die Rehe noch selbst entscheiden dürfen. ▷

Auch die Geiß will und braucht einen Freiraum, um ihre Kitze gesund aufzuziehen. Zu dicht besetzte Reviere erkennt man schon daran, daß im Herbst viele Geißen keine Kitze mehr haben. ▽

Mähmaschinen sind grausame Regulatoren unserer Rehwildbestände. Für viele Jäger sind vermähte Kitze Anlaß zu »schonen«. Dabei sollten sie sich aber auch überlegen, ob die zahlreichen Mähverluste nicht einfach mit dem Mangel an geeigneten Setzplätzen (oder zuvielen Geißen!) zusammenhängen.

Wir reden so viel über Waidgerechtigkeit und belegen mit diesem Begriff meist gedankenlos alles, was uns selbst Freude bereitet. Jagd während der Paarungszeit – etwa die Blattjagd – gilt bei anderen Kulturvölkern schlicht als unfair gegenüber dem Tier.

bislang notwendigen Waldschutzmaßnahmen – vor allem aber, daß bei entsprechender Fütterung oder Äsungsverbesserung die Verbißschäden auf ein erträgliches Maß gesenkt werden könnten.
Die Versuchsanordnung bestand in fünf räumlich getrennten, je etwa 1000 ha großen Revieren der oben genannten Forstämter, und zwar:
Im Forstamt Nürnberg (Reichswald) das Revier Schwaig als sogenanntes Äsungsrevier. In diesem wurde 1% der Holzbodenfläche in Äsungsfläche für Rehwild umgewandelt, aufgeteilt in 60 Parzellen, davon 85% Wildäcker.
Ebenfalls im Forstamt Nürnberg das Revier Rückersdorf als sogenanntes Fütterungsrevier. Hierzu wurden an 27 Stellen 54 Futterautomaten aufgestellt, die ab Mitte Oktober bis ins Frühjahr hinein beschickt werden und dem Rehwild eine Futteraufnahme ad libitum ermöglichen.
Im Forstamt Erlangen wurde das Revier Neuhof als sogenanntes Vergleichsrevier ohne jede Hegemaßnahme bestimmt. Bei allen drei Revieren handelt es sich um reine Waldreviere.
Im Forstamt Dinkelsbühl wurde das Revier Dürrwangen als Äsungs- und Fütterungsrevier eingerichtet. Hierzu wurden 0,6% der Holzbodenfläche in Äsungsfläche umgewandelt und zusätzlich per Automaten gefüttert. Im Gegensatz zu den drei ersten Revieren handelt es sich hier um ein gemischtes Revier.
Im Forstamt Gunzenhausen wurde das Revier Mitteleschenbach als Vergleichsrevier eingerichtet.
Anläßlich der großen Nürnberger Ausstellung Wildtier und Umwelt 1986 wurden die Vertreter der Jägerschaft und der Jagdpresse zu einer Exkursion in die Versuchsreviere des Reichswaldes eingeladen, die von der Arbeitsgemeinschaft naturgemäßer Waldbau (ANW) organisiert war. (Leider erschien von der Jagdpresse nur ein einziger Vertreter, von den Jagdverbänden gar keiner...)
Auslöser für diese Exkursion waren wohl Berichte in der Jagdpresse, in denen schon nach kürzester Versuchszeit von beachtlichen Erfolgen in den ›Hegerevieren‹ berichtet wurde. Von Erfolgen bei der Verbißentlastung war dann allerdings nicht viel zu sehen. Soweit der Verbiß gegenüber früheren Jahren tatsächlich geringer wurde – dies klang auch bei der Exkursionsleitung durch –, vollzog sich diese Entlastung gleichmäßig und unabhängig von der Hegestrategie. Der Sache am meisten geschadet haben dabei zuvor in der Presse erschienene ›Beweisfotos‹, die zeigen sollten, wie herrlich seit Einführung der Hegemaßnahmen der Wald wächst und sich verjüngt; sie erwiesen sich als ›getürkt‹, es waren Verjüngungen, bei denen man vor dem Fotografieren den Zaun entfernt hatte.

Inzwischen liegt der Abschlußbericht dem Bayerischen Landtag vor. Einige Kernsätze aus diesem seien nachstehend zitiert:

- Die Hegemaßnahmen brachten in den untersuchten Revieren für das Gewicht des einzelnen Rehes *keinen* nachweisbaren Effekt. Bei Input an zusätzlicher Nahrung kann lediglich eine größere Anzahl von Rehen bei gleichem Gewichtsniveau gehalten werden.

- Rehe reagieren auf Besiedlungsanreize (Fütterung, Äsungsflächen, natürliches Äsungsangebot; d. Verf.) sehr rasch mit höherer Dichte und ziehen nicht mehr so weit für die Nahrungsaufnahme. Für das Fütterungsrevier wurde dieser Sachverhalt mit den im Durchschnitt um 10 ha kleineren Einstandsgebieten bestätigt.
- Der notwendige und mögliche höhere Abschuß in den Hegerevieren kompensiert *nicht* die höheren Kosten. Fütterung ist zwar billiger als Äsungsverbesserung, *erschwert* aber im Gegensatz zu den Äsungsflächen eher die Abschußerfüllung.
- Mehreinnahmen durch den Verkauf einer größeren Anzahl von Rehen in den Hegerevieren decken bei weitem *nicht* die Kosten der Hege.
- Die Vegetationsentwicklung rechtfertigt die Hegemaßnahmen ebenfalls *nicht*. Laubholz, insbesondere Eiche, kann *nicht* ohne Zaun im notwendigen zielgerechten Umfang hochgebracht werden.
- Versuche (mit telemetrierten Rehen; d. Verf.) haben gezeigt, daß in Gebieten mit hohem Besucherdruck (Nürnberger Reichswald) Rehe durch den Menschen auf Waldwegen und -straßen und selbst in Beständen als ›Pilzsucher‹ nicht so gestört werden, daß ihr normaler Äsungsrhythmus gestört wird.

›Angreifbar‹ sind die Aussagen dieses Berichtes allenfalls in einem Punkt: Die Abschußzahlen waren – bezogen auf die Revierqualität – vergleichsweise gering. Sie lagen vor 1973 teilweise bei 1,5 Rehe/100 ha und stiegen bis zum Jagdjahr 1987/88 auf etwa 12 Rehe/100 ha im Revier Rückersdorf (Fütterungsrevier, fast nur Wald). Damit lagen alle Versuchsreviere noch *unter* dem durchschnittlichen Abschuß der Landesforstverwaltung Baden-Württembergs. Dort werden teilweise *nachhaltig* bis zu 30 Rehe/100 ha jährlich erlegt. Bezogen auf die reine Waldfläche, werden auch in Privatrevieren des Allgäus und Oberschwabens 50 Rehe und mehr/100 ha erlegt. Außer Wald gibt es dort nur Grünland, also keine Felder. Das heißt, die Grundbestände (ohne Zuwachs) liegen in vielen süddeutschen Revieren bei 50 und mehr Rehe/100 ha Wald. Dies deckt sich mit den Erfahrungen in einem Großzaun (151 ha) auf der Schwäbischen Alb, wo zunächst neun Jahre lang ca. 16 Rehe/100 ha Wald/ Jahr, dann beim *versuchten* Totalabschuß aber 46 Rehe/100 ha Wald erlegt wurden. Geschätzter *Rest*bestand: ca. 10–20 Rehen/100 ha Wald!
Die klimatischen Verhältnisse sind im Reichswald optimal: 350 m über NN, Jahresniederschläge 600 bis 800 mm, nur an durchschnittlich 9 Tagen liegt Schnee höher als 20 cm, im Revier Neunhof sogar nur an 2,8 Tagen.
Ein Folgeversuch, bei dem festgestellt werden soll, wie sich eine Anhebung des Abschusses auf Vegetation und Kondition der Rehe auswirkt, läuft.

Ich schieße in meinem Allgäuer Voralpenrevier in durchschnittlich 650 m Seehöhe und bei einer jährlichen Niederschlagsmenge von 1800 bis 2000 mm (inklusive Maischnee!) nun schon langjährig etwa 20 Rehe/ 100 ha Waldfläche. Es ist also durchaus glaubhaft und verständlich, daß

sich die Hegemaßnahmen in den fünf genannten Revieren nicht genügend positiv auf die Waldverjüngung auswirken. Unabhängig davon, daß ich mir im Vergleich mit der eigenen, sich auf viele Reviere stützenden Praxis nicht vorstellen kann, daß in den genannten Revieren jemals der Zuwachs wirklich abgeschöpft – also Rehwild durch die Jagd reguliert wurde –, wäre zu bedenken, daß die so drastisch verbesserten Lebensbedingungen zu einer ebenso drastischen Erhöhung der Reproduktionsrate führen müssen.
Die vom Jäger selbstsicher gegebene Antwort lautet: Erhöhter Zuwachs läßt sich durch Jagd abschöpfen. Wo dem so ist, mag die Äsungsverbesserung dem Rehwild – und dem Wald (!) – dienen. Das Problem scheint mir aber zu sein, daß ein Großteil der Jäger sich schon heute, ohne nennenswerte Äsungsverbesserung, außerstande sieht, die Rehwildbestände wirklich jagdlich zu regulieren.

Äsungsflächen oder Schlachtgärten?

Der Zwischentitel ist provokativ und er soll es sein; er soll anregen, einmal ernsthaft über die Thematik nachzudenken, sich mit ihr auseinanderzusetzen. Als wir im Rahmen der sogenannten Modellplanung am Forstamt Kempten begannen, in großem Maße Äsungsflächen anzulegen, wurde auf diesen Flächen natürlich auch der Abschuß vollzogen. Sofort wurde extern wie intern die Stimmung gegen uns angeheizt. »Der Staat verschleudert Steuergelder für Wildäcker, damit er die letzten Rehe ausrotten kann.« So und ähnlich tönten die einfältigen Kritiker. Nun war alles, was wir in dieser Hinsicht taten, transparent. Jedes Stück Wild wurde nach Art, Geschlecht und Altersklasse in die Revierkarte eingetragen und diese auch zu den Abschußbesprechungen mitgenommen. Jeder konnte sehen wo und wann und was von uns erlegt wurde.
Mit Ausnahme jener Flächen, die wirklich *in den* Einständen lagen und insbesondere dem Rotwild auch *am Tag* zugänglich waren, gab es keine Tabus. Derartige, vom Publikum verschonte *innere* Flächen hatten wir aber nur wenige. Fast alle Wildäcker, Wildwiesen und sonstige, häufig sehr kleine Äsungsflächen lagen an den vom Publikum ohnehin frequentierten Wegen. Es ließ sich nicht anders machen. In die meist auf Weichböden stockenden Bestände war mit schweren Bodenbearbeitungsmaschinen nicht hineinzukommen. Trotzdem wurden unsere Äsungsflächen bestens angenommen. Es war die Wahl der Äsungspflanzen und die unmittelbare Nähe der Einstände. Warum nun hätten wir bei Auflage eines gewaltigen Abschuß-Solls in Schläge und Tageseinstände sitzen sollen, um dort mühsamst zu jagen, während auf den Äsungsflächen an einem Abend nicht selten mehrere Stücke erlegt wurden?

Waidgerechtigkeit, wenn sie nicht zur reinen jägerischen ›Folklore‹ entarten soll, kann doch nur dem Wild dienen. Was aber dient diesem nun mehr:

Wenn ich bei feststehendem Abschußzoll zehn Abende auf Kulturen und in Einständen herumhocke, um mühsam ein einziges Stück zu erlegen, oder wenn es an neun Abenden seine Ruhe hat und an einem einzigen Abend drei Stück auf der Äsungsfläche liegen?
Dagegengehalten wird dann meist, wir würden uns die Jagd zu leicht machen; gerade das mühsame Erringen der Beute sei ›wahre Jagd‹. Ich habe aber noch keinen der hehren Jagd- und Waidgerechtigkeitsverfechter gesehen, der aus gleichen Motiven zur Büchse des Großvaters im Kaliber 9,3 × 72 R ohne Zielfernrohr gegriffen und seine Rehe brav im Rucksack dorfwärts getragen hätte. Zuweilen tu ich dies selbst, um nicht ganz die Bindung zu dem zu verlieren, was den Vätern und Ahnen noch Jagd war.
Nebenbei sei darauf hingewiesen, daß eine notwendige Reduzierung der Rehwildbestände von vielen Jagdfunktionären mit dem Argument abgelehnt wird, die Bejagung würde dann zu schwierig sein. Was also gilt?

Rehe sind wählerisch

Immer wieder werde ich gefragt, welche Äsungspflanzen sich denn nun am besten für Rehwild eignen würden, und ich weiß darauf selten eine verbindliche Antwort. Um eine solche zu finden, muß man das betreffende Revier halbwegs genau kennen und mit allen hintergründigen Schwierigkeiten vertraut sein. Auch Erfahrungen aus der näheren Umgebung müssen nicht unbedingt auf das eigene Revier übertragbar sein. Rehe sind auf dem Wildacker so wählerisch und unberechenbar wie am winterlichen Futtertrog. Ja die Präferenzen einzelner Rehe oder Rehsippen kann so stark sein, daß eine bestimmte Pflanzenart auf der einen Äsungsfläche angenommen wird, auf der anderen nicht. Was die Rehe im einzelnen zu solcher Auswahl und Bevorzugung veranlaßt, das wissen wir nicht. Ob nun – wie beim Menschen – bestimmte Stoffe in Abhängigkeit von einem zuvor aufgenommenen Stoff bevorzugt oder verschmäht werden, ob Abhängigkeit von Sonneneinstrahlung und Temperatur besteht, wie stark beim einzelnen Reh der persönliche Geschmack ausgeprägt ist – das alles sind offene Fragen. Es gibt ja eine ganze Reihe von Wild- und Kulturpflanzen, die erst nach Frost geäst werden. Etwa die Blätter der Roten Pestwurz *(Petasites hybridus)* oder verschiedener Rapssorten. Teile anderer Pflanzen werden nur geäst, wenn sie im vollen Licht gewachsen sind; so bei der Fichte. Es ist aber auch denkbar, daß ›Geschmack‹ innerhalb der Rehsippen übertragen werden kann [Kurt mündlich 1987]; etwa in dem Sinne, daß die Geiß ihren Kitzen zeigt, was ›gut oder schlecht‹ schmeckt.
In ›Die Pirsch‹ Heft 10/79 berichtete ich über eine Geiß, die allabendlich ihre beiden Kitze auf unseren Weberhag-Wildacker führte, dort kurz sicherte, um dann selbst wieder über den Weg zurück ins Baumholz zu wechseln, wo sie den Wald-Sauerklee *(Oxalis acetosella)* äste. Nach beidseitiger ausgiebiger

Was wissen wir schon von Geschmack und Empfinden der Wildtiere. Die Hirsche äsen die Stengel der Pestwurz bevorzugt während einer kurzen Spanne im August und nur einen ganz kurzen Abschnitt. Die Rehe äsen die ganzen Stengel, aber erst, wenn der Frost sie versüßt hat.

Äsung holte sie dann ihre Kitze wieder ab und verschwand. Hier hatte man wirklich den Eindruck, als handle die Geiß völlig bewußt, wissend, was für ihre Kitze notwendig ist und was andererseits ihr persönlich besser schmeckt.
Kurz: Wildacker-Monokulturen sind in ihrer Wirksamkeit immer fragwürdig. Rauwolf hat in Zusammenarbeit mit der Bayerischen Futtersaatbau GmbH eine ganze Reihe von Mischungen zusammengestellt, die auf den unterschiedlichsten Standorten gedeihen. Mit ihnen bietet man nicht nur dem Wild eine breite Palette der verschiedensten Äsungspflanzen, sondern man umgeht auch das Problem der Fruchtfolge, da solche vielseitige Mischungen selbstverträglich sind. Ihr Nachteil ist der, daß zuweilen Arten zuerst vom Wild herausselektiert werden, die zweckmäßigerweise wegen ihrer Frosthärte am längsten stehen bleiben sollten.
Für Hochlagen über 600 m Seehöhe wird es immer schwer sein brauchbare Äsungspflanzen zu finden. Zwar gibt es nicht wenige Arten, die auch noch bis zu 1200 m hinaufsteigen, wie etwa der Topinambur oder der Hafer, letztlich hilft das aber in der vegetationsarmen Zeit wenig, da sie der Schnee früh zudeckt oder umdrückt. Die meisten Wildäcker in den montanen und subalpinen Zonen Deutschlands erfüllen ihre Aufgabe daher fast nur im Sommer und Frühherbst. In dieser Zeit herrscht selten Äsungsnot.
Der Vollständigkeit halber sei nachstehend eine der von Rauwolf zusammengestellten Mischungen – der Wildackereintopf – näher vorgestellt. Sie wurde über lange Jahre im gebirgigen Westteil des Forstamtes Kempten, dem Kürnacher Wald, in Lagen nahe 1000 m mit Erfolg angebaut [Obermayer 1987].

Hafer	25,0 kg	
Sommerweizen		
oder Sommerroggen	25,0 kg	
Buchweizen	7,2 kg	
Futtersaaterbsen	5,0 kg	
Sommerwicken		
oder Winterwicken	3,0 kg	
einjährige Lupine	4,0 kg	Sommer/Herbst
Sojabohne	6,0 kg	
Esparsette	3,0 kg	
Perserklee	3,0 kg	
Phacelia	1,0 kg	
Ölrettich	0,3 kg	
Sonnenblume	2,0 kg	Sommer/Herbst/Winter
Rotklee tetraploid	2,5 kg	
Futter-Raps ›Akela‹	1,5 kg	Sommer/Herbst
Winterraps ›Librador‹	1,5 kg	Winter/Frühjahr
Mais FAO bis 220	3,0 kg	Herbst/Winter
Winterrübsen ›Buko u. Perko‹	2,0 kg	
Stoppelrübe ›Goldwalze‹	0,5 kg	Herbst/Winter
Markstamm- oder		Frühjahr
Blattstammkohl	0,5 kg	
Welsches Weidelgras ›Lipo‹	4,0 kg	
	100,0 kg/ha	

Inzwischen stellte die Bayerische Futtersaatbau GmbH die Mischung ›Wildakkereintopf‹ ohne Rapsanteile zusammen; eine marktpolitische Konsequenz aus den umstrittenen Wildverlusten durch 00-Raps. Er ist aber in dieser vielfältigen Mischung den Rehen bestimmt nicht schädlich und der Jäger sollte ihn ohne Ängste zusätzlich beigeben.
Selbstverständlich läßt sich diese Mischung in Zusammenarbeit mit einem erfahrenen Landwirt für die speziellen örtlichen Verhältnisse variieren.

Raus aus dem Wald ins Feld

Weiter vorne wurde es schon gesagt: Zwischenfruchtanbau kann die winterlichen Konzentrationen im Wald entzerren. Ganz und gar aktuell wurde der Zwischenfruchtanbau in Zusammenhang mit den Rehwildverlusten durch bit-

Im Sommer werden die Rehe in die Maisdschungel gesogen. Im Winter bleibt ihnen nur der Hungergang in den Wald. Hier im Altöttinger Modell macht man die Felder durch Gehölze wieder winterattraktiv.

terstoffarmen 00-Raps. Prof. Dr. ONDERSCHEKA, Leiter des Forschungsinstituts für Wildtierkunde in Wien, veröffentlichte hierzu Erfahrungen und Vorschläge:

Aussaat nach der Getreideernte: 30 kg Zottelwicke, 25 kg Hafer, 10 kg Rotklee, 7 kg Weißklee, 4 kg Knaulgras und 4 kg Weidelgras = 80 kg Aussaatmenge pro Hektar.

Aussaat Mitte bis Ende September: a) 150 bis 190 kg Winterroggen in Reinsaat; b) 60 bis 80 kg Winterroggen und 80 bis 100 kg Zottelwicke; c) 80 kg Winterroggen, 25 kg Zottelwicke, 5 kg Rotklee, 3 kg Weißklee, 4 kg Weidelgras und 3 kg Knaulgras = 120 kg. Alle Saatmengen sind auf einen Hektar Saatfläche bezogen.

In Zusammenhang mit der Problematik 00-Raps empfiehlt ONDERSCHEKA den Zwischenfruchtanbau möglichst nahe an die mit 00-Raps bebauten Flächen zu bringen.

Natürlich sind auch stationäre Wildäcker im Feld sinnvoll, besonders wenn auf ihnen Parzellen mit höherer Deckung (Topinambur) vorhanden sind, in denen sich das Rehwild auch am Tage ungestört niedertun kann. Gerade über den Topinamburanbau gibt es viele widersprüchliche Aussagen. In der Tat schwankt die Annahme nach meiner eigenen Erfahrung zwischen überhaupt nicht und geradezu gierig. Dabei scheint es nicht nur auf die Sortenwahl anzukommen, sondern schlicht auf die ›Geschmacks-Traditionen‹ der jeweiligen

Rehe. Eine der geeignetsten Topinambursorten scheint jedoch die ›Waldspindel‹ zu sein.
Einen ganz ähnlichen Effekt erreichen wir mit der Sonnenblume *(Helianthus annuus)*, deren hohe Stengel Deckung gewähren und deren Blätter besonders nach Frost gerne von den Rehen geäst werden.
Zwei Zwischenfrüchte seien noch genannt, die sowohl in der Landwirtschaft als auch auf dem Wildacker Verwendung finden können: Einmal die verschiedenen Winterrübsen-Sorten, die bis in den Oktober hinein gesät werden können (20 kg/ha), und das Landsberger Gemenge (70 kg/ha). Beide Saaten haben den Vorzug, auch im zeitigen Frühjahr sofort wieder neue Äsung zu liefern.

Wildwiesen, ja aber...

Ich erinnere mich einer Zeit, da wurde in jagdlicher wie forstlicher Fachpresse für die Anlage von Wildwiesen plädiert. Meist ging es darum, extensive saure Wiesen im Wald zu melorieren und in Mähwiesen mit Süßgräsergesellschaft zu verwandeln. In Revieren, in denen ›Graser‹ leben, also Rot-, Dam- oder Muffelwild, können solche Maßnahmen durchaus sinnvoll sein. Nicht jedoch in reinen Rehwildrevieren. *Gras ist keine Rehwildäsung!*
Was die Rehe in unseren Mähwiesen suchen, finden und selektieren, das sind Wildkräuter und Kleearten und nur in geringem Maße Knospen und Samenstände der Gräser. Das, was wir gemeinhin als ›Gras‹ betiteln, die Halme und Blätter der Süßgräser, wird vom Rehwild kaum aufgenommen. Wohl aber selektieren Rehe auch in extensiven Sauerwiesen. Besonders in deren Rand- und Übergangszonen wachsen sehr viele vom Rehwild bevorzugten Äsungspflanzen wie etwa das Mädesüß *(Filipendula vulgaris)* oder die verschiedenen Johanniskrautarten *(Hypericaceae)*, Großer- und Kleiner Klappertopf *(Rhinanthus erotinus, R. minor)* usw. Nicht selten halten sich Rehe zum Äsen in solchen Sauer-Wiesen auf, während die angrenzenden, fetten Mähwiesen wenig beachtet werden.
Nebenbei muß aber auch gesagt werden, daß mit der Entwässerung und Intensivierung von Sauer-Wiesen meist viel botanische Kostbarkeit und landschaftliche Schönheit zerstört wird. Heute denken Allgemeinheit, Landwirtschaft und Jäger anders über Wert oder Unwert solcher Landschaftselemente.

Ganz billig: Saat auf der Kultur

In den letzten Jahren habe ich immer wieder die Saat auf Kulturflächen erprobt und dabei gute Erfahrungen gemacht. Dieses Verfahren funktioniert überall dort, wo die Böden weder vergrast, noch mit einer starken Rohhumusschicht überlagert sind, ganz gut. Es werden also in erster Linie Flächen sein, auf

»Ganz billig«: Zwischen den Kulturreihen wird der Schlagabraum grob beseitigt und dann oberflächig Waldstaudenroggen und Weißklee eingesät.

Zwei Jahre lang steht dann beste Äsung zwischen den Fichten.

denen unmittelbar zuvor die Fichte oder Kiefer abgetrieben wurde, die weder vergrast, noch mit Holunder, Faulbaum o. ä. bestanden sind. Wir räumen dann einige Plätze zwischen den Pflanzreihen von Astwerk frei und säen ohne vorhergehende Bodenbearbeitung. Wenn es möglich ist, wird das gröbere Saatgut leicht eingerecht. Es geht aber auch mit reiner Oberflächensaat, nur sind dann die Keimprozente geringer. Auf sehr sauren Standorten ist eine Kalkung (20 bis 50 dt/ha) empfehlenswert.

Für etwas schwerere Böden, für Gebiete mit ziemlich hohen Niederschlägen und überhaupt für Lagen bis gut 1000 Meter haben sich bewährt:

1. 80 bis 100 kg/ha Hafer mit einer Untersaat von 12 kg/ha Rotklee und 4 kg/ha Weißklee. Zweimalige Düngung im Frühsommer und August mit einem Phosphordünger (Superphosphat 4 dt/ha). Der Hafer schafft den in Reihen stehenden Jungfichten ein günstiges Kleinklima und verhindert die bedrängende Schlagflora. Unter ihm entwickelt sich der Klee. In unserem Voralpenrevier bleibt der Klee bis zum Herbst nahezu unbeachtet, wird aber nach den ersten Frösten gierig beäst. Der Hafer wird schon früh mäßig verbissen, übersteht dann aber die Milchreife kaum. Im zweiten Jahr, manchmal auch im dritten entwickelt sich der Klee weiter. Dann überwächst die Schlagflora.
2. Das gleiche Verfahren haben wir auch schon mit einer Mischung aus 100 kg/ha Waldstaudenroggen und 12 kg/ha Weißklee durchgezogen. Waldstaudenroggen wird bei uns im ersten Jahr höchstens im Herbst angenommen, vorausgesetzt, der Schnee kommt nicht zu früh und drückt ihn um. Im zweiten Jahr treibt der Waldstaudenroggen in den Halm und wird dann in kurzer Zeit von den Rehen geerntet. Der untergesäte Weißklee liefert dann noch Herbstäsung. Er hält sich in immer geringerer Menge noch einige Jahre, ehe ihn die Schlagflora verdrängt.
3. Im *wärmeren Flachland, insbesondere auf Sandböden* hat sich der Buchweizen bewährt, 100 kg/ha, der allerdings von fast allen Wildarten (vom Birkhuhn bis zum Hirsch) angenommen wird. Er ist lediglich einjährig.
   Voraussetzung für alle Halmfrüchte ist eine gute Beleuchtung; im Schatten wachsen sie nicht.

Mahd und Dünger

Noch billiger und wenig arbeitsaufwendig ist die zweckdienliche Begrünung und Pflege von momentan unbenutzten *Erdwegen.* Solche finden sich in nahezu allen Revieren. Sie werden meist nur sporadisch zur Holzrückung benötigt, liegen daher häufig viele Jahre unbenutzt. Hat sich auf ihnen schon eine autochthone Wildkräuter- oder Gräsergesellschaft gebildet, können wir diese schon durch zweimalige Mahd in unserem Sinne verändern. Dazu wird nach jeder Mahd (später zusätzlich im Frühjahr) mit einem schnellwirkenden Phos-

phordünger nachgeholfen. Phosphor fördert einseitig die Leguminosen und Kräuter. Die zweimalige Mahd hält die höheren, zur Verholzung neigenden Arten heraus. Innerhalb eines Sommers vermag sich durch Mahd und Düngung die angesiedelte Flora völlig zu ändern. Ich habe mir zur Pflege derartiger Flächen eigens einen gebrauchten Balkenmäher angeschafft.
Im Sommer werden diese Flächen vom Rehwild kaum angenommen, so daß ich das Mähgut immer beiseite werfen muß. Man könnte es natürlich auch zu Heu machen und an Ort und Stelle auf Reuter setzen. Findet die letzte Mahd und Düngung so um Mitte August statt, haben wir im September bereits wieder einen überknöchelhohen Klee-Kräuteraufwuchs. Zu dieser Zeit wird die Äsung auf den Wiesen knapp, Felder haben wir keine. Die Rehe rasieren dann solche Flächen binnen kurzer Zeit ab. Natürlich schieße ich sie dabei auch; je mehr auf einmal um so besser. Anschließend ist für den Rest der Jagdzeit Ruhe!
Einen weiteren praktikablen Vorschlag macht der Landesjagdverband Bayern in seiner Broschüre ›BJV Jägerpraxis‹: Lichte Althölzer mit Heidelbeere oder Graswuchs sollen durch Düngung aufgewertet werden. Bei Heidelbeerwuchs flächige Düngung von jeweils 500 m^2 mit 8 dt/ha Thomaskali nach dem 1. August, bei Graswuchs ebenfalls flächenweise Düngung mit 5 bis 8 dt/ha Thomaskali im Juni/Juli. Die Annahme durch das Wild erfolgt bei Heidelbeere ab Mitte/Ende September, bei Graswuchs ab Anfang September/Anfang Oktober. Ergänzend sei hinzugefügt, daß der reine Grasaufwuchs wohl eher vom Rotwild, weniger von den Rehen angenommen wird.

Verbißgarten – Stein der Weisen?

Der Verbißgarten, oder wie immer man den Anbau von Proßhölzern für das Wild nennen mag, ist ein vielgepriesenes Rezept, von dem sich manche Jäger wahre Wunderwirkung versprechen. Wir hatten im Kempter Wald mit großem Aufwand Verbißgärten angelegt. Teilweise waren es nur schmale Streifen, sonnseitige Böschungen oder Wegegabeln, daneben aber auch größere Flächen. Empfohlen wird eine Vielzahl von Strauch- und Baumarten, die zwar meist mehr oder weniger verbissen werden, doch selten eine ›rentable‹ Massenleistung erbringen.
Am häufigsten werden *Weiden* angebaut; in der Regel im Winter als halbmetrige Steckhölzer geschnitten und so tief wie möglich schräg in die Erde gesteckt. Was der Rehbock nicht spontan blankfegt, wird wachsen – vorausgesetzt, es handelt sich um eine der vielen Arten, die vom Wild nicht oder nur mäßig verbissen werden. Die vergleichsweise wenigen Arten, die wirklich stark angenommen werden, haben im ersten Jahr wenig Überlebenschancen. Es sei denn, man ›klotzt‹ und legt gleich eine wirklich große Fläche an. Meist wird man die ersten beiden Jahre zäunen müssen.

Verbißgärten sind im Rehwildrevier mehr »Optik« als Äsung. Trotzdem können sie örtlich sinnvoll sein. Die Wasserweide bringt besonders große Jahreszuwächse und damit schnell Deckung.

Von den vielen bei uns zur Erprobung gesteckten Weidenarten erwiesen sich die nachfolgenden am stärksten verbissen:

1. Die gemeine Salweide *(Salix caprea)* mit ihren recht geringen Bodenansprüchen eine echte Pionierpflanze. Ihre Samen fliegen weithin und wo das Reh- und Rotwild die Jungpflanzen nicht frühzeitig selektiert, wächst sie von alleine. Sie läßt sich allerdings nicht besonders gut vegetativ vermehren. Das ist ihr einziger Nachteil.
2. Die Öhrchenweide *(Salix aurita)*, das kleine Ebenbild der Sale. Sie wird ebenfalls gierig beäst, ist aber noch schlechter zu vermehren und wächst nur auf sehr feuchten Standorten.
3. Die Wasserweide *(Salix aquatica)*, bei ihr handelt es sich um eine Bastardierung aus *S. caprea* und *S. viminalis.* Auf trockenen oder stark skelettierten Böden kümmert sie, ist aber ansonsten anspruchslos und bringt eine enorme Triebmasse. Jahrestriebe von drei Meter Länge sind normal. Zudem läßt sie sich leicht vermehren.
4. Die Korbweide *(Salix viminalis)*, die sich auch für weniger feuchte Waldstandorte eignet.

Ein Waldrand, wie er auch sein kann: Das Straßenbauamt wurde »gebeten« die Fichten etwas aufzuasten, ohne jede Saat oder Pflanzung kam üppigst Liguster, Schneeball, Pfaffenhütchen, Hasel, Holunder und viele andere Arten. Die Vögel – auch die »gefährlichen« Eichelhäher vertragen die Saaten.

5. Die Kätzchenweide *(Salix smithiana),* die auch auf trockeneren Böden noch passable Ergebnisse zeigt.

Wer sicher gehen will, der verwende immer Arten, die im Revier bereits wild vorkommen und verbissen werden. Weiden wachsen, sind sie über dem Rehäser, außerordentlich schnell. Damit verlieren sie dann aber auch ihren Wert für das Rehwild. Es ist also ständige Pflege notwendig, um sie dem Wild auch zugänglich zu machen. Im Sommer werden heruntergeköpfte Triebe kaum angenommen. Im Winter verschwinden die gekappten Triebe rasch unterm Schnee. Da ist es oft sinnvoller die wenigen in jedem Revier vorkommenden Salweiden etwas freizustellen, ihnen Licht zu schaffen. Wenige erwachsene Salweiden stellen geradezu Weidenfabriken dar, von denen aus sich die Samen in alle Winde verflüchten und überall für junge, zarte Äsung sorgen. Nur werden die Hunderttausende junger Salweiden in den Kulturen, an Wegrändern und auf Böschungen viel weniger registriert als eben 500 gesteckte Ruten.
Überhaupt ist es nicht nur sinnvoll, sondern durchaus einfach ›schön‹, wenn der Jäger hier und dort kleine Vermehrungsbasen heimischer Sträucher anlegt.

Besonders eignen sich hierzu die Waldränder. Je bunter wir mischen, um so größer wird der Erfolg sein. Der Boden sucht sich die ihm passenden Arten aus! In bunter Mischung wachsen an solchen Waldrändern gleichermaßen Schatt- wie Lichthölzer. Jede Pflanze sucht sich ihren Standort, entweder ganz außen am Licht oder weiter drinnen im Halbschatten oder Schatten. Ein kleinen Überblick über die geeigneten Arten und deren Ansprüche gibt die Tabelle auf Seite 178.

Zwei Laubbäume will ich noch vorstellen, die vom Jäger und Forstmann viel stärker für das Wild genutzt werden sollten: *Esche und Aspe.*

Die Esche ist sehr verbißhart. Sie reagiert auf jeden Verbiß mit neuer Verzweigung und ist kaum totzubeißen. Weit stärker als die Weiden widersteht sie dem Verbiß und hält viele Jahre durch. Eschen in Halbmeterhöhe können 20 und mehr Jahre alt sein. Was die einzelne Pflanze an Verbißmasse liefert, ist trotzdem minimal. Aber ein sehr praktikables Verfahren gibt es da: Entlang der Wege, auf den Banketten, werden möglichst lange meterbreite Streifen gefräst und die Esche möglichst dicht gesät. Was daraus in wenigen Jahren entsteht, ist eine vom Wild laufend beschnittene, kaum meterhoch werdende Hecke, die nicht totzubekommen ist. An ihr kann das Rehwild ›rentabel‹ selektieren.

Die Aspe ähnelt in ihren Eigenschaften der Weide. Wo ein Baum steht, fliegen Hunderttausende in alle Winde, aber da sie eben viel Licht will, ist in den meisten Wäldern kein Platz mehr für sie. Dabei ist sie auch eine absolut dienende Holzart und kann auf feuchten Standorten als Zugholz verwendet werden, wie die Erle. Sie wird sehr gerne vom Rehwild geäst, zeichnet sich durch üppige Wurzelbrut aus und verschwindet, von der Fichte überwachsen, selbst wieder. Wo sie im Winter gefällt wird, wo der Wind sie bricht, stürzen sich die Rehe auf sie.

Ein bekannter Forstmann schrieb mir auf die Erstauflage dieses Buches: »Hier habe ich in den Kulturgattern am Rande immer ›Weiserpflanzen‹ angebaut, damit ich sofort vom Weg aus sehen kann, ob Rehwild eingedrungen ist. Als ganz tolle Verbißpflanzen mit Weiserwert nehme ich *Salix cordata* (Herzblättrige Weide). Diese Weide kann man ohne Schutz nicht hochbringen. Die Rehe ziehen sogar die Steckhölzer mit raus und äsen diese!

Auf ärmsten Sandböden benutze ich als Weiserpflanzen in den Kulturgattern die Robinie.«

Dieser Hinweis scheint mir interessant und nützlich. Einige wenige ›Weiserpflanzen‹ am Rande der Kulturgatter, die – geschützt – zu Samenbäumen auswachsen. Dreifache Funktion: Sie zeigen an, ob das Gatter noch wildfrei ist, sie versamen sich in weitem Umkreis und sie bilden bei entsprechender Freistellung markante Punkte in der oft eintönigen Forstlandschaft.

Fütterung – ja oder nein?

Müssen wir die Rehe füttern

Noch vor etwas mehr als einem Jahrzehnt wäre unter Jägern über diese Frage kaum eine sachliche Diskussion möglich gewesen. Zu sehr hielt jeder (auch jene, die nie eine Mark für Futter investierten!) am Dogma der Fütterung fest. Jeder Versuch auch nur einer Relativierung wurde als Provokation empfunden. Dabei ist zumindest die Grunderkenntnis, daß eine Antwort sehr differenziert ausfallen muß, zwingend. Rehe leben schließlich ebenso in den winterwarmen Gemüseanbaugebieten des Niederrheins wie auch in den ausgesprochenen Kampfzonen des obersten Bergwaldes der Alpen mit nahezu sieben Monaten Schnee. Rehe leben im, an winterlicher Notnahrung reichen, Fichtenwald, wie in den winters äußerst nahrungsarmen Laubwäldern. Es kann also – unabhängig vom ideologischen Standort – keine einheitliche, verbindliche Antwort geben. Allenfalls kann der einzelne Jäger versuchen, eine auf speziell seine Revierverhältnisse zutreffende Aussage zu machen, und dies nur unter Berücksichtigung seiner persönlichen Anschauung und Zielsetzung.
Es wird auch nicht möglich sein, eine Antwort zu finden, die zumindest für *eine* Landschaft allgemein zutreffend ist. Selbst dann nicht, wenn in einem solchen Gebiet alle Rehheger die gleiche Zielsetzung hätten und entsprechend verfahren würden. Ich habe, das ist nur ein Beispiel, in Niedersachsen Reviere gesehen, in denen Winterfütterung auch für einen zahlenmäßig starken Rehwildbestand einfach überflüssig ist. Und gleich daneben wieder solche, in denen Rehe – selbst wenn man ihnen die Nutzung der jungen Forstpflanzen zugestehen würde – kaum ohne Fütterung überwintern könnten.
Vielleicht können wir uns auf einen Grundsatz einigen:

> Rehe bedürfen – wenn es nur um die Erhaltung ihrer Art, nicht aber um persönliche jägerische Zielsetzung geht, und wenn wir allgemein dulden, daß Rehe auch solche Pflanzen überwiegend nutzen, die wir als forstliche Nutzpflanzen ansehen – sicherlich keiner Fütterung.

Warum füttern wir?

Wir Jäger können uns längst nicht mehr leisten, unseren Willen zur Fütterung mit dem Wunsch nach starken Trophäen zu begründen. Dennoch ist nicht zu leugnen, daß es vielen Revierinhabern genau um diese ›starken Trophäen‹ geht, wenn sie unter beträchtlichem Kostenaufwand füttern. Die Futtermittel-

Darüber, ob künstliche Fütterung sinnvoll ist, entscheiden Waldbau und Landwirtschaft mehr als das Klima! Was soll hier eigentlich den Rehen als Nahrung dienen?

hersteller haben denn auch recht präzise erkannt, was die Mehrheit ihrer Kunden zu kaufen wünscht: Trophäenmastfutter!
Nun ist es ja nicht unbedingt unanständig, dem Wild in der ausgeräumten Kulturlandschaft jene Qualität und Quantität an Nahrung in den Trog zu streuen, die es ursprünglich in ungeschundener Landschaft fand. Daß dies zu stärkeren Trophäen führt und sich der Jäger an ihnen freut, ist ebenfalls nicht unanständig. Allerdings ist es ein für Landschaft und Rehe gleichermaßen gefährlicher Trugschluß zu glauben, mit Futter allein könne man außerhalb von Gattern kontinuierlich starke Rehgeweihe produzieren. Fütterungen erweisen sich überall als Magnete, welche die Rehe aus umliegenden Lebensräumen anziehen. Entweder man ist dann bereit, weit mehr als seinen eigenen Bestand zu füttern, oder aber die Futterrationen verpuffen, weil viel zu viele Rehe daran teilhaben. Der scheinbare Ausweg heißt erhöhter Abschuß. Damit aber kommt der Futter-Heger in einen Teufelskreis:

Er muß mehr schießen, um den Bestand nicht explodieren zu lassen. Damit und in Verbindung mit der Fütterung zieht er zwangsläufig ständig fremde Rehe an. Im Frühjahr bleibt dann immer ein Teil der winterlichen Zuwanderer im Revier stehen. Seine stärksten Jährlinge (mit ihnen will er eigentlich ›aufbauen‹) müssen auswandern. Die schwachen, zugewanderten Wintergäste bleiben. Das Spiel mit erhöhtem Abschuß und starker Fütterung beginnt von neuem. Seine Hegeerfolge hinsichtlich Geweihstärke werden eher bescheiden bleiben, und der ständig überdurchschnittlich hohe Ab-

Ein Wildtier, von der Evolution vor rund 7 Mill. Jahren »ersonnen«, dem wir in maßloser Arroganz nach internationaler Formel Fehlerpunkte geben, weil das »unedle« Geweih nicht unseren züchterischen Erwartungen entspricht. Wer soll uns da als Sachwalter der heimischen Natur noch ernstnehmen?

So springt er uns aufs Blatt: Gesicht grau = alt, Kranzrosen = jung, Träger stark = alt, Masse oben = jung ... Was tun, sprach Zeus?!

Nicht Punkte, nicht Gramm – einfach Freude am Erbeuten, ein letztes Zurückfühlen zu den Quellen unseres Lebens . . .

Ein Holzlagerplatz voll Äsung. Manipulation? Sicher, aber nur in einer ringsum manipulierten Umwelt.

schuß zwingt ihn, weitgehend wahllos zu schießen – Zahl vor Wahl! Tut er es nicht, können Rehe auch bei massiver Automatenfütterung stagnieren oder schwächer werden als vorher. Über ihre körperliche Verfassung entscheidet im Jahreszyklus bei weitem nicht nur das Winterfutter.

Damit kommen wir zum zweiten Motiv: *Mehr Wild auf gleicher Fläche durch mehr Nahrung im Winter.* Hierzu ist nicht viel zu sagen. Es funktioniert einfach. Allerdings zu Lasten der Vegetation, denn Nahrungsengpässe scheint das Rehwild auch außerhalb des Winterhalbjahres zu kennen. So liegt der Nahrungsbedarf der Rehe im Winter nahe beim reinen Erhaltungsbedarf, wobei die Rehe ihr Körpergewicht trotzdem noch einigermaßen halten. Der Bedarf einer führenden Geiß im Juni hingegen, wenn sie zwei Kitze zu säugen hat, ist dreimal so hoch. Und der Bedarf eines Bockes zur Zeit der Revierbildung und des Haarwechsels im Frühjahr, also auch in einer Zeit, da in den meisten Revieren schon nicht mehr gefüttert wird, liegt 1,6mal über dem Winterbedarf [Ellenberg, 1974]. Das ist dann die Zeit der großen Spätwinter-Verbißschäden!

Aber die Argumentation, mittels Winterfütterung einen höheren Rehwildbestand halten zu wollen, ist heute ohnehin verwegen. Schließlich bemühen wir uns redlich, der kritischer gewordenen Öffentlichkeit das genaue Gegenteil zu versichern: Nämlich, daß es uns keineswegs um höhere Wildbestände, geschweige denn um stärkere Trophäen gehe, sondern einzig um die Minderung der sogenannten Wildschäden. Ich schreibe bewußt ›*sogenannte* Wildschäden‹, denn genau betrachtet entstehen die Schäden ja durch das Fehlverhalten des Menschen. Einmal durch den in vielfältiger Gestalt auftauchenden Landschaftsnutzer, vom Bauer über den Holzwirt bis zum Jogger, und zum anderen durch den ebenfalls kräftig manipulierenden Jäger, der oft nicht bereit ist, die Konsequenzen der Landschaftsveränderungen in gleichem Maße zu akzeptieren, wie er selbst zu ihnen beiträgt.

Damit sind wir also beim dritten und einzig auch von der Öffentlichkeit voll verstandenen Motiv der Wildfütterung – Minderung der Wildschäden. Hier gilt zunächst wieder, was ich schon weiter oben gesagt habe: Wo gefüttert wird, sammeln sich Rehe: wir müssen noch mehr schießen. Eine Ausnahme von dieser Regel wäre nur dann denkbar, wenn alle unsere Nachbarn ihre Hege nach genau unserem Muster stricken würden. Unterstellen wir dies einmal, dann hätten die Rehe sicherlich keinen Grund, sich bei uns zu konzentrieren. In solchem Falle müßte die Vegetation ›rein rechnerisch‹ entlastet werden. Auch aus diesem Traum kann es gelegentlich ein böses Erwachen geben. Nämlich dann, wenn die Rehe, aus welchem Grunde auch immer, einmal kurzfristig vor dem leeren Trog stehen.

Ich muß der Ehrlichkeit halber bekennen, daß die Rehe auch in unserem Revier, mit allen sich daraus ergebenden Konsequenzen und Problemen, stark und zwar per Automat gefüttert werden. Entlastung der Vegetation im Winter, hoher Abschuß (etwa 20 Rehe/100 ha Waldfläche) lassen bei uns inzwischen auch Buche und Weißtanne ohne Zaun und ohne chemischen Schutz wachsen; jedenfalls besser als vor einigen Jahren. Nun kommt es zuweilen vor, daß irgendwo ein Automat leer wird und nicht rechtzeitig nachgefüllt werden kann. Dann verbeißen die Rehe in ein, zwei Tagen im Bereich der leeren Fütterung mehr Tannen und Jungbuchen, als wenn sie überhaupt nicht gefüttert würden.

Die Rehe stellen sich sehr schnell in ihrem ganzen Rhythmus auf die Fütterung ein: Wahl des Einstandes, Äsungsrhythmus, Vergesellschaftung und Verdauung. Fünf, sechs, vielleicht auch zehn Rehe stehen dann wartend in der nächsten Verjüngung und ›knappern‹ nebenbei.
Im fütterungslosen Revier wird die Nahrung nicht so konzentriert gesammelt. Die Rehe wählen ihre Standorte nach ganz anderen Gesichtspunkten, und sie beschränken ihre Aktivitäten auf ein Minimum. Ich muß dabei immer wieder an die Rehe des Hochgebirges denken, die bis vor wenige Jahrzehnte (teilweise auch heute noch) überhaupt nicht gefüttert wurden. Einzelne überwinterten weit oben an der Waldgrenze, und ihre Überlebensstrategie hatte Ähnlichkeit mit jener der Gams angenommen. Nicht selten sitzen solche Überlebenskünstler für Tage unter den vom Schnee tief herabgebogenen Ästen einer Wetterfichte und ›verheizen‹ die wenigen Flechten und Nadeln, um erst bei Wetterberuhigung wieder aus ihrem Lager hochzuwerden. Jene sind dann meist dicht mit Losung belegt, weil die Tiere tatsächlich tagelang keinen Schritt ›ins Freie‹ getan haben.
Wir müssen nicht unbedingt ins Hochgebirge schauen. Auch in unseren Durchschnittsrevieren würde sich ein entsprechender Stamm robuster Rehe halten, ohne die Waldverjüngung so sehr viel mehr zu gefährden, als dies vielerorts trotz (oder wegen!) der Fütterung geschieht.
Nun wird von Kritikern oder Gegnern der Fütterung dahingehend argumentiert, man müsse nur die Fütterung einstellen, dann würde sich der Rehwildbestand dem winterlichen Äsungspotential anpassen. Zweifellos haben im Gebirge (auch im höheren Mittelgebirge) besonders strenge Winter immer wieder große Zäsuren unter den Rehen geschlagen. Die über drei, vier oder sechs Jahre hinweg angewachsenen Bestände wurden dann in einem einzigen strengen Winter wieder drastisch reduziert. Ob damit die Rehwildbestände insgesamt auf einer Höhe (besser auf einer Tiefe) gehalten würden, die den Wünschen mancher Forstleute entspricht, scheint mir trotzdem fraglich. Schließlich werden die Rehbestände nicht von der Witterung allein begrenzt oder gefördert. Allein schon die ihnen zur Verfügung stehenden Lebensräume wurden vielerorts durch die starke Reduzierung des Rotwildes erweitert.
Nun, wir müssen darüber gar nicht spekulieren, sondern wir haben konkrete Vergleichsmöglichkeiten. Etwa in der Schweiz, wo es neben dem Revierjagd-

auch ein Patentjagdsystem gibt. Auch in der Schweiz stellt man insgesamt ein Anwachsen der Rehwildbestände fest, und zwar auch in den Patentjagd-Kantonen, in denen in der Regel nicht gefüttert wird [Kurt mündlich 1987]. Zudem gibt es dort teilweise auch den Luchs wieder. Nach gängiger Lehrmeinung dürfte es dort also überhaupt keine Probleme mit dem Rehwild geben. Der Abschuß erfolgt im Oktober mit Schrot und vor jagenden Hunden. Fütterung in unserem Sinne gibt es nicht. Die Abschußhöhe ist in einigen Kantonen mit der bayerischer Hochgebirgsreviere durchaus vergleichbar.

Fütterung und Jagdbetrieb

In Deutschland verbietet das Bundesjagdgesetz derzeit *in Notzeiten* Schalenwild in einem Umkreis von 200 m um die Fütterung zu erlegen.

> Der Begriff der ›Notzeit‹ wird aber weder vom Bund noch von den Ländern exakt definiert. Allenfalls wird ein zeitlicher Rahmen genannt, innerhalb dessen eine Fütterung statthaft ist. Das bedeutet dann, daß im November gefüttert werden darf, auch wenn über Wochen hinweg ein absolutes Frühlingswetter herrscht. Umgekehrt ist es aber im Oktober oder April verboten, auch wenn zu dieser Zeit tiefer Schnee liegt und Frost herrscht. Eine solche Gesetzgebung kann man einfach nicht ernst nehmen!

Unsere Nachbarn in Österreich haben teils ähnliche Beschränkungen in ihren Landesjagdgesetzen.
Nun ist hinsichtlich seiner Wirkung Schnee nicht Schnee und Frost nicht Frost. Im Hochgebirge werden 20 cm Schnee kaum zur Kenntnis genommen; in Lüneburg werden sie zum ›Jahrhundertwinter‹. Und da ›Notzeit‹ nun einmal nicht verbindlich nach dem Kalender definiert werden kann, kann nur die jeweilige Situation des Wildes und seiner Umwelt eine Notzeit bedingen. Notzeit ist folglich kein meteorologischer Begriff, sondern ein biologisch-physiologischer. Gefragt ist nur nach der vorhandenen und zugänglichen Nahrung des Wildes, in unserem Fall des Rehwildes.
Eine vorhandene und momentan auch zugängliche Nahrung muß aber noch lange nicht für alle Individuen ausreichen. Es entstehen dann entweder enge *lokale* oder *soziale* Notzeiten für die Rehe. Erweitern wir diesen Gedankengang, so würde für die Rehe bereits dann eine Notzeit anbrechen, wenn keine oder nicht genügend – vom wirtschaftenden Menschen tolerierte – Nahrung mehr zur Verfügung steht. Also, wenn die Rehe gezwungen wären, sich vorzugsweise von Forstpflanzen zu ernähren. Der Mensch wird sich zu schützen suchen, etwa durch Zäune oder mit Chemie. Die tatsächliche Not bleibt dann bei oberflächlicher Betrachtung verborgen, sie äußert sich anhaltend in Kümmerformen des Rehwildes.

Ich wollte damit nur aufzeigen, wie vage doch solche Begriffe sind. Insbesonders dann, wenn man sie für einen Lebensraum von den Alpen bis zu den Nordseeinseln zu fassen sucht.
Aber ungeachtet aller theoretischen Erwägungen, bringt der unfaßbare Begriff der Notzeit auch handfeste jagdpraktische Fragen und Einschränkungen mit sich: In vielen Revieren, genauer gesagt in all denen, die ihre Fütterungspflicht ernst nehmen, wird die Jagdausübung zuweilen ab November nahezu unmöglich. Jedenfalls soweit sich der Jäger an die oben erwähnten Bestimmungen hält und die Rehe nicht innerhalb dieses 200-Meter-Radius (um die Fütterungen) schießt.
Hier ein kleines Beispiel:

> Während meiner Dienstzeit bei der Bayer. Staatsforstverwaltung unterhielten wir auf 1800 ha Revierfläche genau 30 Rehwildfütterungen. Eine je 60 ha. Da diese nun vorzugsweise dort plaziert waren, wo sich auch die Rehe wohlfühlten und andererseits gute Anliefermöglichkeiten bestanden, blieb in dem großen, durch weite Hochmoorflächen gekennzeichneten Revier – rein rechtlich – kein Raum für die Abschußerfüllung. Ich hatte zu Beginn meiner Dienstzeit auf der Betriebskarte Kreise mit 200-Meter-Radien um die Fütterungen gezirkelt. Was übrig blieb waren ›Sterne‹ unbejagbarer Flächen. Rege sich auf wer da will: Ohne permanenten Verstoß gegen das Jagdgesetz wäre der Abschuß – auch ein weit geringerer(!) – nicht zu erfüllen gewesen. An Stelle des Jägers wäre andernfalls die ›Selbstregulation‹ getreten. Ob diese – das Kümmern des Gesamtbestandes und das Eingehen der schwachen Stücke im Spätwinter – mehr im Sinne der vielbeschworenen Waidgerechtigkeit gewesen wäre, möchte ich bezweifeln.

Ein wirklich nur *scheinbarer* Ausweg ist die zahlenmäßige Reduzierung der Fütterungen. Damit erzwingen wir unweigerlich eine Konzentration des Wildes im Umkreis der verbliebenen Fütterungen, mit allen Konsequenzen für die Waldverjüngung. Es trifft nicht zu, daß die vor Fütterungsbeginn weiter entfernt wohnenden Rehe ihre gewohnten Lebensräume beibehalten und zu den Mahlzeiten jeweils hin und her pendeln würden. Sie stellen sich – da zu dieser Zeit nicht territorial – im engsten Bereich um eine Fütterung ein, unabhängig davon, wieviele Artgenossen schon dort leben. Damit entfällt aber auch die Möglichkeit, in den nun größer werdenden Zwischenräumen, zu jagen.

Rehe benötigen als Tagesräume auch nicht unbedingt sichtschützende Dikkungen. Selbst wenn solche in unmittelbarer Nähe der Fütterungen vorhanden sind, sitzen die Rehe, Sonne und freie Umschau genießend, häufig den ganzen Tag im Altholz.

Rehe sind – in jeder Art von Notzeit – vorzugsweise und mit Erfolg nur dort zu erjagen, wo sie Nahrung finden. Das gilt für den sommerlichen Kleeakker wie für den Umkreis der Fütterung im winterlichen Bergwald.

Nun will ich keineswegs so weit gehen, den Abschuß direkt an der Fütterung zu proklamieren, aber den 200-Meter-Schutzradius wird man in den wenigsten Gebirgsrevieren einhalten können. Darüber muß man sich im klaren sein, wenn man für intensive Fütterung plädiert. Die Bejagung wird ganz wesentlich erschwert!
Nun gilt ein Verstoß gegen diese Schutzbestimmungen nur als Ordnungswidrigkeit, und kaum eine Behörde wird heute noch bereit sein, den Begriff der Notzeit biologisch-physiologisch zu fassen. Wer im Dezember an der Fütterung ein Reh schießt, wird (solange keine geschlossene Schneedecke vorhanden ist) auf Verständnis beim Landratsamt rechnen können. Die Fütterung ist dann rein rechtlich nicht anders als eine Kirrung zu bewerten. Da erhebt sich doch die Frage, warum dann bei ›amtlicher‹ Notzeit unbedingt und sklavisch der 200-Meter-Radius respektiert werden muß?
Die Rehe, das ist meine persönliche Erfahrung, stören einige Schüsse in diesem Bereich weniger als permanentes Lauern und Umzingeln an den Tageseinständen, aus denen sie sich bald nicht mehr herausgetrauen. Einen nachhaltigen, über einen halben Tag hinausgehenden Vergrämungseffekt konnte ich durch Schüsse in diesem Bereich nie feststellen. Das ändert sich sicher, wenn dort *permanent* gehockt und geschossen wird.
Über diese Probleme müssen wir uns also klar sein, ehe wir unsere Strategien entwickeln. In vielen Landschaften der Bundesrepublik sind jedenfalls stationäre Fütterungen entbehrlich. In wirklichen Notzeiten kann man außerhalb des Gebirges schnell und breitgestreut ohne bauliche Einrichtungen füttern.

Füttern wie und womit?

Manches Patentrezept aus der Praxis und manche wissenschaftlich dozierte Doktrin über Art und Stoff der Fütterung haben die Jäger in den letzten 100 Jahren schon über sich ergehen lassen müssen. Wer die restlose Verunsicherung sucht, der nehme einige Bände alter Jagdzeitschriften zur Hand und studiere, was ihm die Wissenschaft schon alles geraten hat. Angefangen hat es mit der einfachen Heuraufe, die sich in manchen Revieren bis heute erhalten hat. Vertraut man einigen Wissenschaftlern, so wird sie eine Renaissance feiern. Die ersten Kraftfuttergaben wurden noch an Bäume gebunden – Haferbüschel. VOGT lieferte mit Sesam den letzten Schrei der Hege. Dann kamen die Jahre ausgeklügelter Ernährungssysteme mit exakten Dosen von Saft-, Kraft- und Rauhfutter. Reine Kraftfuttergaben, einst gelobt, wurden wieder verpönt. Groß proklamiert und darauf abzielend, das Rehwild werde in täglichem Rund-

Spitzhütten sind schnell und unkompliziert zu bauen und haben sich in schneereichen Gegenden gut bewährt.

gang überall genau die Stoffe aufnehmen, die ihm der Heger zudachte, das war die sogenannte Kettenfütterung – auch ein Flop. Gegenwärtig ist das am meisten gehandelte, wissenschaftlich unterzeichnete Rezept: die *Null-Fütterung* ...

Wir müssen auch nicht ins vorige Jahrhundert zurückgreifen, um uns anzueignen, was heute als grundfalsch gilt: Noch vor zwei Jahrzehnten wurde ernstlich und immer wieder empfohlen, die Rehe im Winter zu bewegen. Motto: Je höher der Schnee und je tiefer die Temperatur, um so mehr Bewegung brauchen die Rehe zu ihrem Wohlbefinden und Überleben. Heute wissen wir es anders. Jeder Jungjäger lernt, daß die Rehe im Winter ihren Stoffwechsel drastisch reduzieren und sozusagen nur noch auf Sparflamme leben. Jede zusätzliche Bewegung vergeudet kostbare Energiereserven.

Viele Wege führen nach Rom ...

Es ist nicht annähernd möglich, sich im Rahmen dieses Buches erschöpfend mit der vorhandenen Menge an Aussagen zum Thema Rehwildernährung und -fütterung auseinanderzusetzen. Da dieses Buch vorwiegend dem Praktiker

dienen soll, darf ich mich bei diesem Kapitel auch weitgehend auf die Praxis berufen.
Drei bewährte Fütterungsmodelle möchte ich hier vorstellen. Jedes hat sich an seinem Standort und unter den jeweiligen Bedingungen und *Zielsetzungen* bewährt.

Modell I: Intensivfütterung mit Kraftfutter

Dies ist das einfachste Modell, aber auch das gefährlichste und – das teuerste. Herzog Albrecht von Bayern beschränkte sich in seinem Versuchsrevier Weichselboden (Steiermark), diktiert von den landschaftlichen Gegebenheiten, ausschließlich auf Intensiv-Fütterung mit Kraftfutter. Die von Skeptikern geäußerten Befürchtungen hinsichtlich der Gesundheit der Rehe erwiesen sich als völlig überflüssig. Verabreicht wurde ein hoch eiweißhaltiges, pelletiertes Kraftfutter, so, wie es Vogt vor einem halben Jahrhundert schon im Gatter Schneeberg erprobt hatte: 50% Mais, 30% Sesamexpeller und 20% Kokosschrot. Hinzu kam lediglich noch eine Mineralstoffbeigabe. Gefüttert wurde ab September durch Automaten.
Parallel zu Weichselboden ließ der Herzog auch in unserem Allgäuer Groß-Revier die Fütterungsversuche nachvollziehen. Auch bei uns wurde etwa ab Anfang September bis zumindest einschließlich April ad libitum Kraftfutter

Einfache Raufe, mehr schön als zweckmäßig. Man muß fast täglich füttern und der Schnee weht alles zu.

verabreicht. Wegen der mangelnden Wegeerschließung, insbesonders aber wegen der meist lange geschlossenen Schneedecke war ein tägliches Angehen und somit die Vorlage üblichen Saft- und Rauhfutters einfach nicht möglich. Obwohl wir im Versuch teils lose, später pelletierte Kraftfutter mit einem Roheiweißgehalt nahe 27% (!) verwendeten, traten keine auffälligen Verluste durch Verdauungsstörung oder Eiweißvergiftung ein, wie dies von Fachleuten vorhergesagt wurde. Dies wäre möglicherweise dann der Fall gewesen, wenn wir erst mit dem Beginn der sogenannten Notzeit hochwertiges Kraftfutter ohne Zugabe von Rauh- und Saftfutter verabreicht hätten. Zu dieser Zeit haben sich die Rehe durch Abbau ihrer Pansenzotten (s. Seite 16) schon ganz auf die Verwertung energetisch ärmerer Winteräsung eingestellt.
HOFMANN und HERZOG [1980] führen diesen Umbau der Pansenschleimhaut auf einen ›vorprogrammierten‹, genetisch fixierten Jahresrhythmus zurück, während ENZINGER und HARTFIEL [1985] bei vergleichenden Untersuchungen an Rehen und Ziegen zu dem Schluß kamen, der Umbau der Pansenschleimhaut sei primär auf das sich ändernde Äsungsangebot zurückzuführen. Rehe wären demnach durchaus in der Lage, sich auf unterschiedlich gehaltvolles oder strukturiertes Futter einzustellen.
ELLENBERG schreibt mir hierzu, seine Stammhamer Farm-Rehe hätten auch im Winter zottenreiche Pansen gehabt. Die Zotten seien allerdings deutlich kürzer gewesen.
Wie dem auch sei, eine mehr oder weniger abrupte Umstellung der Äsung kann immer schwere Störungen im Verdauungsbereich hervorrufen. Eine solche liegt sicher vor, wenn die Rehe sich mit fortschreitender Jahreszeit und zurückgehender Vegetation auf eine energetisch ärmere, dafür struktur- und rohfaserreichere Äsung umgestellt haben, und dann plötzlich von einem Tag auf den anderen am gefüllten Kraftfuttertrog stehen und sich den Pansen vollhauen können.
Genau genommen *können* sie sich nicht vollhauen, sondern sie *müssen*! Das Gefühl der Sättigung wird nämlich nur dann erreicht, wenn sich der Pansen in einem gewissen physikalischen Füllzustand befindet. Mit einem besonders hochwertigen – konzentrierten – Futter wird nun zwar der Nährstoffbedarf des Tieres viel früher gedeckt, nicht aber das Sättigungsgefühl erreicht. In diesem Zustand gibt es dann zwei Möglichkeiten. Entweder das Tier kann bis zur »physikalischen« Sättigung weiterhin Kaftfutter in sich hineinfüllen, oder aber es ist gezwungen, den Zustand der Sättigung durch Aufnahme von voluminöser Nahrung – Füllstoffen – zu erreichen. Das kann dann Heu oder Saftfutter sein oder aber Strauch- und Nadeläsung – Verbißmasse!
Wir haben damals versucht, durch gezielte Fällung jüngerer, am Licht gewachsener Fichten einen kleinen Ausgleich für das fehlende Saft- und Rauhfutter zu geben. Die Fichten wurden jeweils in unmittelbarer Nähe unserer rund 40 Fütterungen geworfen. Bis zum Frühjahr waren sie vom Rehwild regelrecht blankgenagt worden.

Viele Jäger haben versucht und tun dies wohl auch weiterhin, dieses Fütterungsmodell intensiver Kraftfuttergaben zu kopieren. Abgesehen davon, daß die Jagdgesetze der meisten Bundesländer ein wirklich frühes und rechtzeitiges (!) Einsetzen einer solchen Fütterung verbieten, scheitert es bei den allermeisten Jägern einfach am Geld. Gefüttert werden muß nämlich nicht der ›Papier-Bestand‹, sondern der tatsächliche!

Im Prinzip die gleichen Probleme entstehen auch dann, wenn während der Fütterungsperiode aus irgendwelchen Gründen (Geld, Transport, Arbeitsaufwand usw.) die Fütterung vorübergehend oder ganz eingestellt oder ein anderes Futter gereicht wird. Die Rehe stehen dann, mit einem völlig ›unvorbereiteten‹ Pansen, einer momentan ungewohnten Äsung gegenüber. Jeder Jäger hat diese Situation wohl schon erlebt, wenn im Spätwinter kurzfristig das Wetter umschlägt, warme Winde erstes Grün sprießen lassen und die Rehe von heute auf morgen der Fütterung fernbleiben und sich wieder ›natürlich‹ ernähren.

Dieser Zustand herrscht latent in all jenen Revieren, in denen traditionell nur ein- oder zweimal in der Woche in den Trog gefüttert wird: Samstags einen Eimer Kraftfutter, Montag bis Freitag der leere Trog! Die Rechtfertigung für solche Fütterung lautet: Wir wollen nicht mästen, wir füttern nur Erhaltungsbedarf!

Und die Konsequenzen solcher Alibifütterung? Angelockt von Kraftfutter und Silageduft ziehen sich die Rehe an den Fütterungen zusammen, die stärkeren nehmen in kürzester Zeit das Kraftfutter auf, der Rest ›nagt‹ an Silage und Heu – und alle miteinander bis zum nächsten Samstag an der umliegenden Vegetation ... Meist wird bei derartigen »Rucksackfütterungen« darauf verwiesen, daß Saftfutter, vor allem in Form von Apfeltreber, unbeschränkt zur Verfügung stünde. Dieser ist aber nicht nur äußerst energiearm, er kann in gefrorenem Zustand auch nur unter hohem Energieeinsatz aufgenommen werden. Das Fazit einer derartigen ›Alibifütterung‹ sind konzentrierte Verbißschäden, gestörte Verdauung bei den Rehen, letztlich auch Fallwild!

Eine die Rehe wirklich ›ernährende‹ Kraftfutter-Fütterung – etwa im Sinne der von Hofmann und Kirst propagierten ›Herbstmastsimulation‹ – kostet viel Geld; in manchen Revieren weit mehr als die Jagdpacht. Unterstellen wir nur 30 Rehe/100 ha Waldfläche (wir haben nachweislich mehr) und rechnen für jedes 120 Tage lang täglich 1 Kilo Kraftfutter zu 52,00 DM/dt, so sind das ohne Nebenkosten fast 19 Mark je Hektar Wald – das Dreifache des bei uns üblichen Pachtpreises!

Auch Onderscheka [1987] weist auf solche, mit einer kurzfristigen Futterumstellung verbundenen Schwierigkeiten hin: »Auf keinen Fall darf die Futtervorlage im Verlauf der Fütterungsperiode auch nur kurzfristig (z. B. für einen Tag) unterbrochen oder sogar völlig eingestellt werden, abgesehen von den schwerwiegenden Nachteilen für das Wild, provozieren solche Maßnahmen geradezu die Entstehung von Wildschäden.«

Fütterung an Vorratshütte, wie sie im Gebirge sinnvoll ist.

Modell II: Saft-, Rauh- und Kraftfutter

Ein etwas ungefährlicheres Fütterungskonzept beschreibt für das Fürstlich Hohenzollernsche Forstamt Bayerisch Eisenstein STEHLE in der ›Allgemeinen Forstzeitschrift‹, 49/86. Das beschriebene Revier liegt an der bayerisch/tschechischen Grenze am Fuße des Großen Arber in einer Seehöhe zwischen 800 und 1400 m, mit bedeutenden Schneemengen. Der Schnee ist auch ausschlaggebend für die Form der Großfütterung. An den einzelnen Fütterungen stehen bis zu 20 Rehe, die aus Einzugsgebieten zwischen 100 und 200 ha anwechseln und den Schnee niederhalten, was ihnen wiederum hilft Energie zu sparen. Die Fütterungen sind entlang eines Hangweges in sonniger Lage plaziert und fassen jeweils 10 dt Kraftfutter und 15 Ballen Rauhfutter.

Das Kraftfutter besteht aus sechs Teilen Hafer, drei Teilen pelletiertem Fertigfutter und einem Teil Mais oder Sojaschrot. Als Rauhfutter wird gut eingebrachtes junges Heu oder Öhmd (Grummet) verabreicht. Hinzu kommt als Naßfutter Apfeltrester, der sich in Kunststoffsäcken unterm Schnee bis zum Frühjahr tadellos hält.

Im Winter werden daneben regelmäßig Alttannen als Proßholz gefällt und von den Rehen gut angenommen. Erwähnt werden soll, daß sich in dieser Verwaltung Tanne und Buche ohne Zaun verjüngen, allerdings chemisch geschützt werden.

Fichtentriebe sind keine »Notäsung«, sondern werden von den Rehen in fast allen Revieren gerne verbissen. Allerdings nur die vollnadligen, in der Sonne gewachsenen Triebe. Wir haben bei den Fütterungen gezielt einzelne Stangenhölzer umgesägt, die dann – trotz Kraft-, Saft- und Rauhfutter! – immer gierig »abgenagt« wurden.

Modell III: Alleinfutter System Schäfer

Über ein ausgewogenes, in seiner Komponentenzusammensetzung gleichzeitig variables Alleinfutter, das in Zusammenarbeit mit der Firma SCHÄFER in Ebersbach entwickelt wurde, berichtet SUCHANT für die Fürstliche Fürstenbergische Forstverwaltung ebenfalls in der ›Allgemeinen Forst Zeitschrift‹.
Demnach werden dort als Silage miteinander gemischt:

Markstammkohl, gehäckselt	35,00%	230 kg/m^3
Apfeltrester, frisch gemahlen	30,00	200
Biertreber	9,00	60
Hafer	7,5	50
Weizen	4,25	28
Mais	4,25	28
Malzkeime	3,50	23
Öhmd, kurz gehäckselt	4,0	20
Mineral- und Wirkstoffmischung (Cervimin-Combi)	2,5	16
	100,00	655

Die Firma SCHÄFER hat eine ganze Palette verschiedener, hinsichtlich des Nährstoffgehaltes aber etwa gleiche Mischungen zusammengestellt, die auf eventuelle Schwierigkeiten bei der Komponentenbeschaffung Rücksicht nehmen. Alle diese Silagen werden zweckmäßigerweise in quadratischen, überdachten Holzsilos vergoren. Sind die Seitenbretter oder Silobehälter nur in Schübe gesteckt, kann man im Winter Brett für Brett herausnehmen. Die Fütterung läuft dann gewissermaßen als ›Selbstbedienungsladen‹.
Nicht unerwähnt darf dabei bleiben, daß HARTFIEL in Nordrhein-Westfalen schon vor Jahren ein ganz ähnliches Verfahren entwickelt hat, das in großem Umfang in den staatlichen Rotwildrevieren der Eifel praktiziert wurde.
Dem Deutschen Jagdschutz-Verband, in dem immerhin rund 240 Tausend Mitglieder vereint sind, sei es überlassen die Quintessenz aus den Kapiteln über die Äsungsverbesserung und die Fütterung zu ziehen. Sein Schalenwildausschuß kommt in einem Exkursionsbericht über die Bereisung der Modellforstämter Dinkelsbühl und Nürnberg zu folgendem weisen Schluß:

> »Die natürliche und künstliche Verbesserung der Lebensbedingungen für Rehe läuft auf eine Erhöhung der Biotopkapazität hinaus, welche die Rehe offenbar nicht nur für Feistansatz nutzen, sondern bis zu einer Obergrenze in Vermehrung umsetzen.«

Diktieren Rehe den Waldbau?

Ursache und Wirkung

»Rehe diktieren den Waldbau«, so wird heute gerne und schnell behauptet. Mir erscheint ein Zusammenhang zwischen Rehwilddichte und Waldbau zwar vielerorts gegeben, doch wird hier wohl allzu leicht Ursache und Wirkung miteinander verwechselt.
Sagen wir es doch einmal so: Rehe ähneln in ihrer Funktion sehr stark Bakterien. Diese befallen einen kranken Körper, vermehren sich übermäßig, schädigen oder zerstören ihn und können durchaus zu dessen Exitus führen. Wir müssen aber bedenken, daß diese Bakterien sich auch in fast jedem ansonsten gesunden Körper befinden, dort aber keine Chancen haben sich bedrohlich zu vermehren. Erst muß der Körper von allen möglichen anderen Schädigern sturmreif geschossen werden, um eine bakterielle Invasion zu ermöglichen. Einige wenige Bakterien können sogar (auch wenn sie bei Massenvermehrung Krankheit und Tod hervorrufen) durchaus gesund sein. Sie stärken die Abwehrkraft eines Körpers, schaffen natürliche Immunität und halten sich zahlenmäßig in engen Grenzen.
Nicht anders ist das Verhältnis der Rehe zum Wald. In einem gesunden, weitgehend natürlichen Wald hat das Rehwild überhaupt keine Möglichkeit zur Massenvermehrung. Nahrung ist begrenzt, und der Winter wirkt ohne künstliche Fütterung als ›Flaschenhals‹, durch den nur wenige Rehe durchschlüpfen können. Ihre Zahl bewegt sich mit meist leichter Pendelbewegung. Ausreißer gibt es meist nach unten – nach besonders harten Wintern etwa. Nach solchen Zäsuren steigt der Bestand langsamer an, als er abgefallen ist. Meist aber ist es ein eher sanftes Auf und Ab.
Der kranke Wald nun öffnet den Rehen ›Tür und Tor‹. Doch wann ist der Wald krank? Kurz: unabhängig von unserem subjektiven Empfinden immer dann, wenn der Mensch in wesentlichem Umfang an ihm manipuliert. Was immer wir an Bedrohungen des Waldes kennen, die primäre Gefahr geht vom Menschen aus. Ob es sich nun um eine Insektenkalamität handelt, die großflächig und verheerend nur unter manipulierten Verhältnissen auftritt, oder um die neuartigen Walderkrankungen, zu deren Entstehen der Mensch erst Schadstoffe produzieren und verfrachten muß.
Die meisten unserer gegenwärtigen Wälder Mitteleuropas haben eigentlich eher Plantagen- als wirklich Waldcharakter. Wir haben Altersklassenwälder gebaut, aus rein rationalen, betriebswirtschaftlichen Gründen. Sie sind, verglichen mit Urwäldern, ein krankhaftes Gebilde. Wir haben (ob forstlich gewollt oder indirekt zur Erhöhung des Wildbestandes) die Artenvielfalt der Bäume,

Sträucher und Kräuter heruntergesetzt – ein krankhafter Zustand. Wir haben in das geschlossene Waldsystem zahllose Wege gelegt, die Randlinien schufen mit enormem Lichteinfall – ein krankhafter Zustand. Wir haben *eine* Art innerhalb des ehemals intakten Ökosystems Wald durch eine Vielzahl von Maßnahmen künstlich erhöht: *den Menschen* – ein krankhafter Zustand.
Durch diese Veränderungen haben wir die Basis für eine Massenvermehrung des ›Bakteriums‹ Rehwild geschaffen, das heute nur noch schwer eindämmbar am Walde frißt. Zunächst also gilt: Der vom Menschen umgestaltete Wald diktiert die Rehwildvermehrung. Erst in der Rückkoppelung – im zweiten Zug – diktiert das Rehwild den Waldbau!
Nicht nur die Älteren unter uns, auch die frühe Nachkriegsgeneration, mag sich an die Wälder der Fünfzigerjahre erinnern. Es waren zwar bereits weitgehend Altersklassenforste, und sie waren – gewollt oder ungewollt – vielerorts entmischt. Aber sie waren im Vergleich zu heute noch ›dunkel‹. Erst die letzten beiden Jahrzehnte führten zu einem mancherorts geradezu drastischen Aufschluß durch die zur Holzabfuhr geeigneten Wege.
Als Beispiel darf das Land Baden-Württemberg genannt werden. Dort baute die Staatsforstverwaltung von 1953 bis 1982 nicht weniger als 4334 km Fahrwege – wohlgemerkt nur im Staatswald. Dessen Anteil an der Gesamtwaldfläche des Landes beträgt jedoch nur rund 24%. Unterstellen wir beidseitig der Wege eine mittlere Lichtschachttiefe von nur je vier Metern, auf denen auch Äsungspflanzen des Rehwildes wachsen (oder wachsen könnten, wenn sie nicht herausselektiert würden!), so entstanden im Staatswald Baden-Württembergs seit 1953 nicht weniger als 3467 Hektar zusätzliche Äsungsfläche. Nicht mit eingerechnet sind jene Lichtschächte, die im Zuge der nicht unerheblichen Feinerschließung entstanden. Am Wald der Bundesrepublik ist Baden-Württemberg lediglich mit 17,6% beteiligt. Der Waldwegebau entwickelte sich aber in allen Bundesländern ähnlich.
Diese Zahlen spiegeln aber den tatsächlichen Zustand nur unzureichend wider, weil die verschiedenen Standorte eine sehr unterschiedliche Bodenvegetation aufweisen, und zwar quantitativ wie auch qualitativ. Geschlossene Nadelholzdickungen enthalten, solange sich die Hölzer von unten her über Äserhöhe reinigen, nahezu keine Äsung. Viele Althölzer, besonders jene mit höherer Rohhumusauflage, bieten ebenfalls nur minimale Äsung. Es gibt also durchaus Bestände, in denen 90% aller verfügbaren Rehwildäsung entlang der Wege, eben in deren Lichtschächten wächst. Die in den Lichtschächten wachsende Äsung unterscheidet sich von jener in den Beständen schon dadurch, daß sie durch ihre Artenvielfalt ganzjährig genutzt werden kann, während in vielen Altbeständen nur wenige Arten von Bodenpflanzen wachsen, die nicht oder nur während einer kurzen Dauer in der ohnehin vegetationsreichen Zeit vom Rehwild genutzt werden.

Grenzlinien

Kahle, sterile ›Produktionsblöcke‹ wurden durch Wege und Schneisen zerschnitten und zu kleineren Einstandskörpern zerlegt. Es ist nicht nur die lichtbedingt üppigere, quantitativ wie qualitativ bessere Äsung, sondern auch der Rand- oder Grenzlinieneffekt, der den Rehen zugute kommt. Nicht nur beim Rehwild, sondern auch von einer ganzen Reihe anderer Wildtiere kennen wir die positive Wirkung der Grenzlinien.

Reimoser [1987] untersuchte in der Steiermark, im Bereich der Koralpe, die Wirkung von Grenzlinien innerhalb des Waldes auf Rehwild und kam dabei zu interessanten Ergebnissen. Rehe bevorzugen in dem von ihm untersuchten Gebiet ganz deutlich den engeren Bereich solcher Grenzlinien, Gründe sind offenbar das anfänglich dort bessere Nahrungsangebot und die erhöhte Sicherheit. Rehe halten sich nur ungern in größeren Dickungen auf. Eher an deren Rand, wo sie selbst zwar nicht gesehen werden, wohl aber jeden Feind frühzeitig ausmachen und die Gefahr taxieren können.

Nach Reimoser hängt die Attraktivität einer Bestandsgrenze für Rehe weniger vom Nahrungsangebot im Randzonenbereich ab, sondern primär von der *optischen Auffälligkeit der Randlinie.* Er führt dies auf das spezifische Sehvermögen der Rehe (Astigmatismus, mangelndes stereoskopisches Sehen) zurück. Optisch *auffällige Grenzlinien,* wie sie Kahlschläge und Steilränder darstellen, bieten dem Rehwild einen Besiedlungsanreiz, der auch dann noch erhalten bleibt, wenn kein vermehrtes Nahrungsangebot mehr vorhanden ist. Wird zunächst nur ein Überangebot erreichbarer, geeigneter Vegetation genutzt, so äsen sich die Rehe mit dem Zurückgehen der Vegetation sehr schnell in den Schadensbereich. Derartige Grenzlinien können folglich zu ›ökologischen Fallen‹ werden – eine unnatürlich hohe Auslastung der Nahrungsbasis. Äußere Randlinien (Waldränder) sieht Reimoser weniger kritisch, da sie häufig mit einem dauerhaft günstigen Äsungsangebot (Landwirtschaft) verbunden sind.

Wir Jäger kennen dieses Verhalten. Irgendwo, dicht neben dem Weg, in der Kultur oder im Getreideacker sitzt ein Reh und beobachtet uns wiederkäuend, ohne flüchtig zu werden – solange wir nicht vom Weg abweichen. Dringen wir in die Kultur oder den Acker ein, so flüchten Rehe jedoch sehr hastig auch auf größere Entfernung. Nicht nur die auf unserer Seite sitzenden Rehe flüchten, sondern auch und gerade die auf der gegenüberliegenden Dickungsseite, also noch recht weit von uns entfernt.

Nicht viel anders verhält es sich mit Rehen im Hochwald und noch deutlicher mit solchen im Feld. Das Reh, das uns in der Dickung sitzend auf zehn Schritte außen vorüber gehen läßt, flüchtet im Hochwald vielleicht auf 200 m.

In meinem kleinen Revier wurde vor Jahren ein Wiesenhang aufgeforstet. Unten grenzt der Weg, an ihm stehen schon die Häuser. Hinter der Aufforstung schließt sich der Wald an, mitten drin eine stille Waldwiese. Nun saßen die Rehe erfahrungsgemäß immer entlang des bebauten Weges. Zuerst, als sich

In den letzten noch vorhandenen Urwäldern Europas gibt es nur wenige Rehe. Als Buschzonen- und Waldrandbewohner fühlen sie sich im geschlossenen Wald nicht wohl. Die Forstwirtschaft hat aber innerhalb der Wälder zahlreiche, den Waldrändern ökologisch ähnliche Grenzlinien geschaffen und damit für die Rehe erschlossen.

die Kultur zu schließen begann, und später auch noch, als die Dickung durch erste Aufastung der Randäste langsam wieder lichter wurde. Anfangs konnte man die Rehe vom Auto aus sehen. Häufig saßen sie dabei nicht mehr als zehn Meter vom Weg entfernt, manchmal nur 20 m neben dem nächsten Haus. Spielende Kinder, Radfahrer, ratschende Frauen, das alles störte die ruhenden und beobachtenden Rehe nicht. Sie hatten die Gefahr sicher im Auge und fühlten – das war wohl das Wichtigste – sich selbst unbeobachtet. Auch heute noch, aus der Dickung ist längst Stangenholz geworden, sitzen die Rehe am liebsten dicht neben dem Weg, obwohl auf der gegenüberliegenden Seite, an der Waldwiese, ebenfalls eine Grenzliniensituation besteht. Aber um wirklich ruhen zu können, wollen – ja müssen (!) – sie die Gefahr im Auge haben. Inmitten der Dickung fühlen sich die Rehe, durch ihre ursprünglichen Feinde – Luchs und Wolf – wohl weit stärker bedroht als an deren Rand.
Hier bestätigt die Praxis, was die Wissenschaft begründet. Nämlich die besondere Verbiß-Gefährdung kleinerer Kulturflächen, etwa neu angepflanzte Kleinhiebe, Käfer- und Windwurflöcher, Pflanzstreifen entlang von Wegen usw.
Auch eine solche, besonders verbißgefährdete Kleinstkulturfläche befindet sich in unserem Revier. Auf ihr wird der Randlinieneffekt drastisch sichtbar. Der

uns wohlgesonnene Bauer Reischmann, gleichermaßen waldinteressiert wie waldweise, besitzt ein jagdlich an uns arrondiertes Waldstück. In diesem entstand durch Käferbefall ein Loch, das sich über mehrere Jahre hinweg vergrößerte. Es ist jetzt so um die 2500 m^2 groß und grenzt direkt an einen öffentlichen Waldweg an. Vom ersten Jahr an hat der Bauer wieder aufgeforstet, und vom ersten Jahr an war und ist dort der Verbiß enorm. Aber schon 150 m weiter hinten im Bestandesinnern verjüngen sich Fichte und Weißtanne, letztere im Schutze der allherbstlich ausgebrachten Chemie. Auch im angrenzenden Wald unserer Forstverwaltung findet sich dichteste Naturverjüngung aus Fichte, Tanne, Esche, Ahorn und auch Buche. In dem kleinen, nach und nach neu aufgeforsteten Käferloch macht sich der typische Grenzlinieneffekt voll bemerkbar.
Wenn ich dort mit dem Auto vorbeifahre, sehe ich oft Rehe (und ich nutze solche Gelegenheiten, sie zu erlegen!). Um ehrlich zu sein: ich habe dort schon manches im Bett sitzende Reh auf den Träger geschossen. Pirsche ich aber weiter hinten, wo sich im Altholz die Weißtanne natürlich verjüngt, durch den Bestand, werden die Rehe fast immer schon auf doppelte Kugelschußentfernung flüchtig – nicht nur vor mir. Vor vier Jahren nun habe ich in und um die dortige Waldabteilung meinen Schwerpunktabschuß verlegt und nicht weniger als 20 Rehe geschossen (gesehen hat man nie mehr als maximal fünf Stück). Die weiter unten stehende Fütterung war im vergangenen Winter nahezu verwaist. Der Verbiß auf der kleinen Fläche ist jedoch fast gleich geblieben!
Es kann also im örtlich eng begrenzten Bereich zuweilen durchaus so sein, daß die berühmte ›letzte‹ (?) Geiß noch fast den gleichen Schaden macht wie ihre zehn zuvor geschossenen Artgenossen. Darüber, daß viele Rehe insgesamt aber mehr Schaden machen als wenige, darüber brauchen wir trotzdem nicht zu streiten.

Altersklassenwälder und Rehwildexplosion

Reimoser schreibt in der Zusammenfassung seiner Untersuchungsergebnisse: »Die Ergebnisse zeigen deutlich, daß die Forstwirtschaft durch ungünstiges Habitatmanagement (unbewußt) einen wesentlichen Anteil am Wald-Wild-Konflikt (Wildschadensproblematik) haben muß. Diese Wechselwirkungen sollten waldbaulich stärker berücksichtigt werden (Vermeidung von Kahlschlägen).«
Demnach arbeitete die Forstwirtschaft früher ungewollt in Richtung derjenigen Jäger, die unter Hege eine möglichst große Zahl von Wild verstehen! Der gegenwärtige Trend geht aber zweifellos hin zum wieder naturnäheren Wald. Hin zur Artenvielfalt in stufigen Beständen, vor allem aber weg vom Kahlschlag und seinen modifizierten kleinen Varianten.
Auch die Jäger beschwören immer wieder den naturnahen Wald und sie meinen damit zumeist jenen mit hohem Laubholzanteil. Freilich sind sie dabei

Ein Fichtenaltholz auf frischem Standort, darunter überreiche Naturverjüngung aus 0,9 Esche sowie 0,1 Ahorn und Sekundärhölzer. Ein Schlemmerparadies für Rehe? Höchstens im Sommer, im Winter nicht! Je m^2 wächst hier im Jahr durchschnittlich nur 6 g von den Rehen verwertbare, im Winter noch vorhandene Verbißmasse, nur 60 Kilo je Hektar. Gewertet wurden Knospen und Zweigteile bis je 2 cm Länge, Mittel aus 10 Probeflächen je Hektar à 4 m^2. (Fürstl. Forstverwaltung Siggen, Abt. 4 b.)

meist nicht konsequent hinsichtlich der Schaffung der Grundvoraussetzungen (eines niedrigen Ausgangswildbestandes), und sie sind sich auch nicht bewußt, was sie und die Rehe in diesem naturnaheren Wald erwartet. Mir scheint, als redeten manche Jäger wie die Blinden von der Farbe. Das, was wir nämlich gemeinhin als schlechten Rehwildbiotop verdammen, der blockmäßige Altersklassenwald mit einem hohen Fichtenanteil, ist genau jene Waldform, die der Rehwildvermehrung mit Abstand am meisten entgegenkommt!

Ganz abgesehen jetzt von der oben beschriebenen Wirkung, der durch die Wirtschaftsform bedingten Grenzlinien, bietet keine Baumart dem Reh mehr Äsungsmasse als die Fichte. Die Knospen der meisten Laubhölzer werden zwar denen des Nadelholzes vorgezogen. Eine Ausnahme bildet lediglich die Weißtanne im Winter. Die Äsungsmasse der Laubhölzer ist jedoch unglaublich gering. Ein Ahorn, gerade noch dem Rehäser erreichbar, liefert uns lächerliche zwei Gramm Verbißmasse. Eine gleichhohe Fichte hingegen 600 g. Mit den anderen Laubhölzern ist es nicht viel besser. Eine Esche, 180 cm hoch und ebenfalls noch nicht verbissen, liefert drei Gramm Knospenäsung. Nehmen wir jedoch bereits verbissene Meßpflanzen, so fällt das Ergebnis für die Laubbäume noch ungünstiger aus. Die jungen Waldbäume reagieren ja auf ständi-

Früher wurden die Fichten im Abstand von 1,2 m × 1,5 m gepflanzt, das entsprach 5556 Pflanzen/ha. Heute wird vielfach im Verband von 1 m × 3 m gepflanzt = 3330 Pflanzen/ha. Auch dadurch sind ungeheuer große »Äsungsflächen« entstanden. Die Rehe wurden dadurch mehr, und je stärker sie die Fichte (und andere Baumarten) verbeißen, um so länger bleiben die Äsungsflächen erhalten. Früher schloß sich eine Kultur nach vier Jahren und wurde bodenkahl, heute dauert es 10 und mehr Jahre.

gen Verbiß mit einer Vervielfachung ihrer Triebe (siehe Schnitthecke). Damit ist auch erklärbar, daß sich Rehe gerade im Randzonenbereich noch relativ lange an einem bestimmten Ort halten können, obwohl ein erheblicher Teil der Pflanzen ihrem Äser bereits entwachsen ist. Sie schneiden sich einen Teil der Pflanzen permanent äsungsgerecht zurück.

Noch wird der naturnahe, stufige Mischwald den Jägern als für die Rehe günstiger empfohlen, und manche Forstleute glauben dies wohl selbst. Auch auf die Gefahr hin, daß einige Ewig-Gestrige unter den Jägern diese Aussage zum Anlaß nehmen, an ihren hohen Rehwildbeständen (nun zur Verhinderung eines Mischwaldes!) erst recht festzuhalten, sollten wir die Dinge doch beim Namen nennen. Die Jagd ist im stufigen Mischwald sicher ungleich schwerer als im Altersklassenwald. Dies sowohl jagdtechnisch als auch bezüglich des Wildbestandes. Deshalb die Blöcke langweiliger Fichten- oder Kieferneinfalt zu bevorzugen, hieße aber doch wohl ein der Jagd und dem tieferen Jägertum recht fernstehendes Gemüt zu pflegen.

Die Abhängigkeit der Rehwilddichten von der jeweiligen Form des Waldbaues hat auch Sperber [1974] nachgewiesen. Er stellte den Einfluß der Altersstruktur und Mischform von Wäldern auf Bestand und Bejagbarkeit des Rehwildes her-

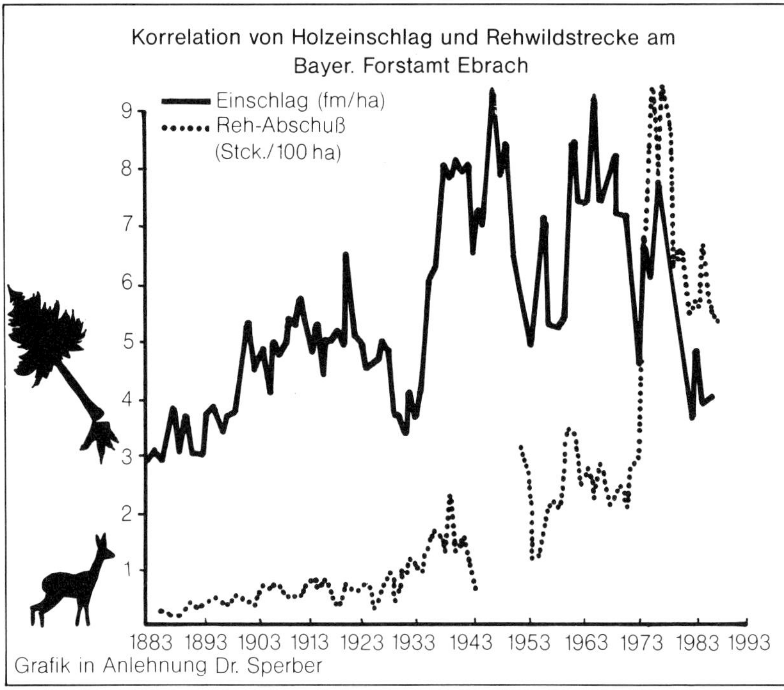

Im Laufe eines Jahrhunderts konnte die Rehwild-Jahresstrecke nahezu verzwanzigfacht werden, ohne den Grundbestand zu gefährden. Der Abschuß des Forstamtes Ebrach liegt trotzdem unter dem landesweiten Durchschnittsabschuß von Baden-Württemberg. Dort werden heute in vergleichbaren Revieren bis zu 30 Rehe/100 ha jährlich erlegt.

aus. In dem von ihm geleiteten und untersuchten Forstamt Ebrach im Steigerwald korreliert die Rehwildstrecke über rund 90 Jahre hinweg ziemlich genau mit dem Holzeinschlag (s. Abb. oben). Nun wurde aber der Holzeinschlag nicht nur in Ebrach intensiviert, sondern bundesweit. Der Prozeß intensiver Waldnutzung entwickelte sich gleichlaufend mit dem der Walderschließung bzw. wurde durch diese erst möglich. Die forstliche Technisierung (Motorsäge, Rückemaschine), sowie der Ausbau der forstlichen Infrastruktur führten aber auch in vielen Betrieben zu einer Herabsetzung der Umtriebszeit, besonders bei der Fichte. Wurde die Fichte früher erst im Alter von 120 Jahren geerntet, in unzulänglichen Waldabteilungen überließ man sie auch dem ewigen Werden und Vergehen, so wird sie heute nicht selten schon mit 80 Jahren abgetrieben. Diese Umstände führten letztlich noch mehr zu einer Block- und Grenzlinienbildung.

Früher wurde zudem weithin im Großkahlschlagverfahren gewirtschaftet. Dieser Großkahlschlag ist heute abgelöst von Kleinkahlschlägen oder den varia-

tionsreichen Saumhieben. Es werden also zusätzlich mehr Grenzlinien geschaffen. In vielen Forstämtern wurden nach dem Kriege aber auch erhebliche Holzvorräte abgebaut, was ebenfalls mit auf das Konto der Intensivierung zu buchen wäre.
In Revieren mit geringem Waldanteil erklärt die sich verändernde Waldstruktur mancherorts das lokale Schwinden des Rehwildbestandes. An anderer Stelle aber auch dessen Anstieg. In einer mehr von der Landwirtschaft geprägten Landschaft, mit mehr inselartigen Waldvorkommen, können derartige Veränderungen (vor allem in Verbindung mit großflächigem Zaunbau) die winterliche Landschaft für das Rehwild auf ein, zwei Jahrzehnte entwerten. Umgekehrt kann als Folge eines Erntezuges oder von Neuaufforstungen ebenso schnell eine lokale ›Rehwildexplosion‹ erfolgen. Kleinreviere sind eben keine gewachsenen Strukturformen, keine wirklichen Dauerlebensräume des Rehwildes. Hier handelt es sich um ganz und gar unbiologische Produkte unseres Jagdegoismus, mit dem wir letztlich auch das Reviersystem restlos zerpflücken werden.
Frage: Was streben wir an? Ein System gewachsener, organischer Reviereinheiten oder ein rein kommerziell orientiertes Pachtsystem?...
Das Ausmaß waldstrukturbedingter Wilddichteschwankungen untersuchten in Amerika Brown und Ellsworth Readel [1959]. Danach sanken die Bestandsdichten von Schwarzwedelhirschen in Douglasienurwäldern und ihren Nachfolgebestockungen von einen Maximum in der ersten Altersklasse (bis 20 Jahre nach dem Abtrieb) von sechs Stück je Quadratmeile auf 0,4 Stück je Quadratmeile in der dritten Altersklasse (55 Jahre nach Abtrieb). Die rein biotopbedingte Wilddichte schwankte also innerhalb von 35 Jahren um das Dreizehnfache.

Stickstoffeintrag und Rehwild

Auf die Bestandsdichten unseres Rehwildes nehmen aber möglicherweise noch ganz andere, bisher wenig oder gar nicht beachtete Faktoren Einfluß. So verwies Ellenberg [1987] auf Zusammenhänge zwischen Stickstoffeutrophierung der Landschaft und Rehwilddichte. Während noch in den dreißiger Jahren 40 kg N/ha/Jahr als landwirtschaftliches Düngungsziel galten, wird heute der normale Stickstoffeintrag über den Freilandniederschlag bereits mit etwa 10 bis 40 kg beziffert [Ulrich 1983; Block und Bartels 1984].
Diese Stickstoffeutrophierung der nicht agrarischen Landschaft begünstigt vor allem Pflanzenarten, die auch dem Rehwild als Äsung dienen. Stickstoffscheuende Arten stehen heute hingegen weitgehend auf der »Roten Liste« der gefährdeten Pflanzen.

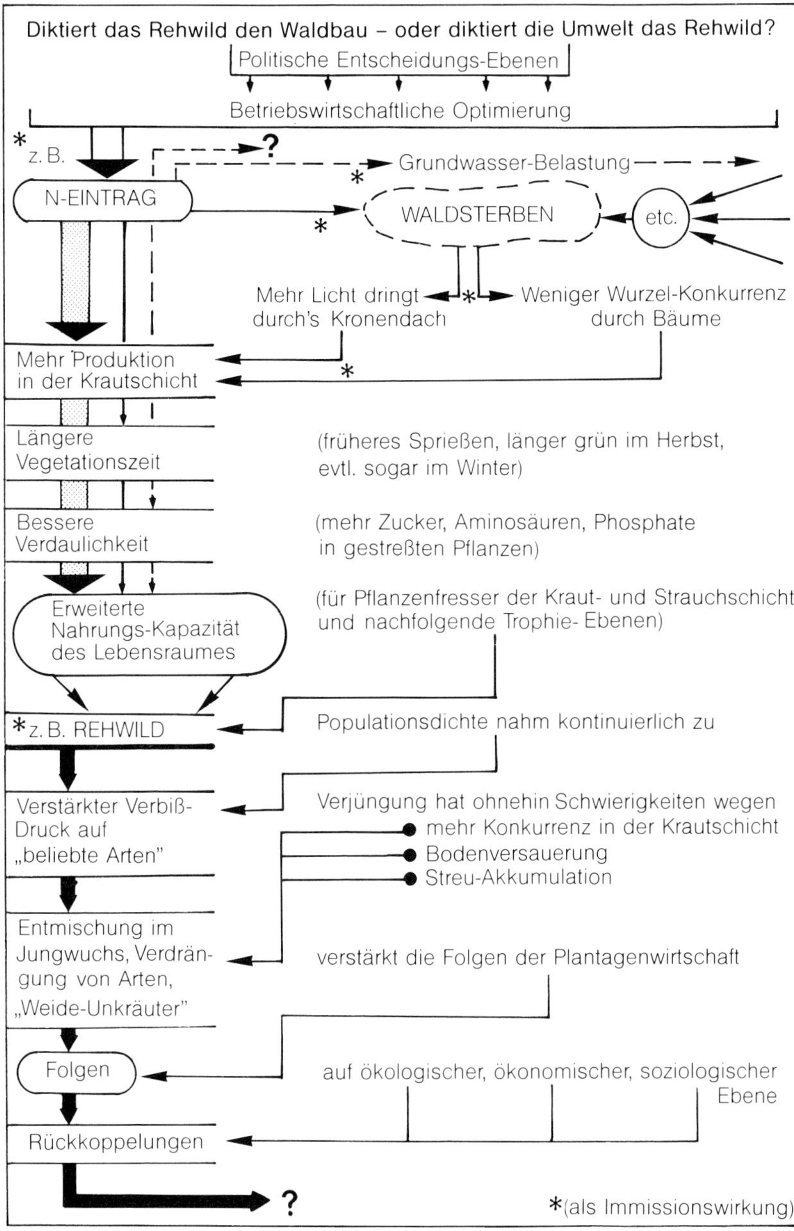

Die Immissionseinwirkungen auf den Wald bringen Licht in diesen, Stickstoffanreicherung begünstigt die vom Rehwild bevorzugten Äsungspflanzen.

Licht und Äsung durch Schneebrüche

Mehrfach im abgelaufenen Jahrzehnt wurden die Wälder in weiten Teilen Süddeutschlands, aber auch in einigen Gebieten nördlich des Mains von schweren Schneebruch- und Windwurfkatastrophen heimgesucht. Die schlimmsten Zäsuren erlebten die Wälder zwischen November 1979 und März 1982. Dreimal legte in diesem Zeitraum früher oder später Naßschnee erhebliche Teile, vorwiegend in Fichtenreinbeständen, auf den Boden. Am stärksten betroffen waren die ersten beiden Altersklassen, allerdings auch viele ältere Bestände, die zum Teil durch mehrere Kalamitätswellen so gelichtet wurden, daß sie zwangsweise viel zu früh zur Endnutzung anstanden. Während dreier Jahre übertraf die Kalamität in vielen Forstbetrieben den regulären Hiebsatz – teilweise um ein Mehrfaches.
Für die Rehe wirkten sich diese *Kalamitätswellen äußerst positiv* aus. In den jüngeren Fichtenreinbeständen (vor allem in den Erstaufforstungen auf oft weichen Standorten) schoß unmittelbar nach dem Lichteinbruch und oft noch vor der sich über Jahre hinauszögernden Räumung in ungewohnter Fülle eine nitrophile Kraut- und Strauchflora dem Rehwild direkt in den Äser. Auch in die Altbestände drang plötzlich Licht. Wo vorher nur Rohhumus, allenfalls Moose zu finden waren, sproß üppiges Grün.

Als ich 1982 mein heutiges Revier übernahm, drangen saftige Holundertriebe, Himbeere, Weidenröschen, Hasenlattich und eine Unzahl anderer Äsungspflanzen des Rehwildes bereits überall durch die vom Schnee zusammengedrückten und noch nicht aufgearbeiteten Fichtenstangen. Aus zuvor völlig bodenkahlen Stangenhölzern waren (fast über Nacht) die herrlichsten Einstände und besten ›Wildäcker‹ geworden (s. Abb. 127). Damals war unser Rehwildbestand noch um einiges höher als heute. Mein Vorgänger hatte jahrelang geschont. Trotzdem kam mit einem Schlage überall die Buche und auch die Tanne. Wäre damals unser Rehbestand schon auf dem heutigen Stand gewesen – die plötzlich einsetzende Naturverjüngung wäre von den Rehen wahrscheinlich nicht mehr zu bewältigen gewesen. So aber ästen sich die Rehe (artgemäß) rund um die Uhr in den Einständen feist. Auf den Wiesen ließen sie sich kaum mehr blicken. Innerhalb wie außerhalb des Waldes wurde die Bejagung schwerer. Die Rehe hatten es einfach nicht mehr nötig, in die eintönigen, mit Stickstoff hochgejagten, von der Gülle verstänkerten und vom Menschen permanent gestörten Wiesen zu ziehen: Das erste Gerede von leergeschossenen Revieren kam auf...
Erschwerend kamen dann noch drei aufeinanderfolgende Sprengmasten der bei uns seltenen Eiche hinzu. Der Wald war voll Deckung und Nahrung. Auch mit dem größten Einsatz an Mitteln hätten wir nie annähernd so viel Wildäcker und Verbißgehölze schaffen können wie es die Natur selbst getan hatte!

Durchforstetes Fichtenstangenholz vor der Schneebruchkatastrophe, ohne jede Bodenbegrünung.

Die Bestände, durch die Schneebruchkalamität durchlöchert und instabil, brachen langsam aber beständig weiter. Ein geringer Sturm, etwas Naßschnee genügte, um die Ränder der Löcher bröckeln zu lassen. Das Licht und damit die Äsung nahm zu. Hinter Licht, Äsung und Rehen kam der Käfer in die geschädigten Bestände. Auch er hinterließ Licht!

Natürlich waren und sind die Auswirkungen dieser Kalamitätsjahre nicht bundesweit dieselben. Besonders in den Staatsrevieren wirkte sich das alles nicht so stark zu Gunsten des Rehwildes aus, weil man aus dem Desaster lernte (und die Mittel hatte!) und spontan begann, die labilen Bestände umzuwandeln. Für die Einbringung von Laubholz oder Tanne war aber vielerorts der Zaun

Das gleiche Stangenholz zwei Jahre nach dem Schneebruch. Warum sollen die Rehe noch auf chemisierte Wiesen ziehen?

unabdingbar. Die neuentstandenen ›Äsungsflächen‹ wurden sozusagen stillgelegt. Im Privatwald, besonders im bäuerlichen, fehlte es aber an Arbeitskapazität und Mittel für großflächige Zäune. So wurde die Kalamität – insgesamt – zu einer kräftigen Vitalitätsspritze für die Rehe.

Wirksame Bejagung des Rehwildes

Wie es einmal war

Wir Menschen neigen zur Pauschalierung, und wir tun dies um so lieber, je tiefer wir in der von uns nicht mehr selbst erlebten Vergangenheit wühlen. So ist es auch nicht weiter bemerkenswert, wenn heute gerne behauptet wird, vor der Jahrhundertwende hätte es in Deutschland nur sehr wenige, vielerorts aber gar keine Rehe gegeben. Und weiter die Schlußfolgerungen: Dies sei die Grundvoraussetzung für die damalige reiche, durch günstige Mischungsverhältnisse gekennzeichnete Waldverjüngung gewesen. Erst die *Revolution des Jahres 1848* habe mit den während der Feudaljagdzeit horrend angewachsenen Wildbeständen so gründlich aufgeräumt, daß es vielerorts gar kein Schalenwild mehr gegeben habe.
Diese pauschalen Aussagen treffen *so* nicht zu.
Zunächst einmal muß gesagt werden, daß die jagdlichen Freiheiten der 48er Revolution nur sehr kurz anhielten. In Bayern ganze zwei Jahre. Bereits im März 1850 trat das neue bayerische Jagdgesetz, erlassen von König MAXIMILIAN II. in Kraft. Damit war es aus mit der freien Jagd.

Wenn man nun bedenkt, wie hoch die Schalenwildbestände zuvor gewesen sein sollen (und sicher vielerorts auch waren), wie ärmlich und in ihrer Wirkung äußerst beschränkt die Bewaffnung, wie gering die jagdliche Fertigkeit des ›Durchschnitts-Revoluzzers‹ und mit welch immensen Schwierigkeiten, durch fehlende Infrastruktur (Wege, Fahrzeuge, Bringungsmöglichkeiten usw.), die damals Jagenden zu kämpfen hatten, dann muß bezweifelt werden, daß der Wildbestand in diesen wenigen Monaten (landesweit!) so stark herunter geschossen wurde, wie wir heute oft annehmen. Zudem brachte die Demokratisierung, die Befreiung vom Joch der Dienstbarkeiten, den Bauern zunächst mehr Lasten als Freiheiten. Die Anfangsjahre waren für die von Untertanen zu landwirtschaftlichen Kleinunternehmern aufgestiegenen Bauern sicher ungemein hart. Viel Zeit für jagdliches Vergnügen im Sinne früherer Lustjagd blieb ihnen sicher nicht. Wer zum Jagen ging, der wollte (mußte) Beute machen. Ansonsten konnte er sich den Zeitaufwand nicht leisten. Zumindest nicht der Durchschnittsbauer oder arbeitende Handwerker. Und natürlich ging es den Bauern in erster Linie darum, ihre nun zueigen erworbenen Felder ohne den Druck des Wildes bewirtschaften zu können. Folglich jagten sie sicher ökonomisch. Also dort, wo Wild leicht bringbar war und gleichzeitig die Felder mit der Jagdausübung entlastet wurden – im bequemen »Gehbereich« um ihre

Ortschaften und Einöden. Niemand hatte Zeit, aufwendige, ohne Fahrzeug Tage währende Jagdausflüge in die Tiefe von Wäldern und Gebirgen zu unternehmen und dort einer Art Lust- oder Rachejagd zu fröhnen.

So konnte es in dem Bereich der Gemeinden für das Schalenwild durchaus zu einer scharfen Zäsur kommen. Nicht aber *insgesamt*, am allerwenigsten in den großen Wäldern. In der Tat scheint es viele Reviere gegeben zu haben – und zwar bis in die dreißiger Jahre hinein –, in denen Rehwild als Folge rücksichtsloser Bejagung äußerst selten war. Das waren aber weder die Staatsreviere, noch die *waldreichen* Großreviere des Adels und auch nicht die großen Gemeindejagden. Vielmehr die überall dazwischen liegenden, kleinen, ja kleinsten Eigenjagden, wie sie in den meisten deutschsprachigen Ländern auch nach dem ersten Weltkrieg noch üblich waren. Betrachtet man solche Flächen isoliert – sie waren zum Teil nicht größer als 16 ha* –, dann wird man auch heute mancherorts ›kein‹ Rehwild mehr finden.
Wie schnell manche Jäger von einer Ausrottung des Rehwildes reden, zeigt uns die eher rehgesegnete Gegenwart. Auch heute trifft man Jäger, die das Rehwild am Rande der Ausrottung sehen.

Bestes Beispiel ist die ›Initiative Rehwild‹ im Steigerwald, die unter offensichtlich politischem Flankenschutz gegründet wurde, um das Rehwild vor der lokalen *Ausrottung* zu bewahren. Anlaß hierzu bot ihr das Forstamt Ebrach, wo vorübergehend 10 Rehe/100 ha, seit Jahren aber nur durchschnittlich 5 Rehe/100 ha erlegt wurden.

Eines ist sicher unbestritten: Je größer die jagdlichen Qualitäten eines Jägers, je mehr er mit Landschaft, Revier, Forst, Wetter und letztlich dem Verhalten des Rehwildes selbst vertraut ist – umso mehr wird er von dieser Wildart sehen!
Wäre es im Zuge der Revolution – mit den damaligen unzulänglichen Mitteln tatsächlich zu einer annähernden Rehwildausrottung oder auch nur zu einer *landesweiten* drastischen Reduzierung gekommen, ließe dies nur den Schluß zu, daß unsere heutigen Forstverwaltungen (von den privaten Jägern will ich gar nicht reden) angesichts völlig erschlossener Reviere, Kraftfahrzeuge, Optik und modernster Waffen das Rehwild bewußt nicht reduzieren wollen!
Diese Mutmaßung trifft aber sicher nicht zu. Die Forstverwaltungen (wenn auch nicht alle ihrer Glieder) bemühen sich seit Jahren mit Nachdruck um eine deutliche Reduzierung. Ihre nur unzureichenden Erfolge zeigen uns vergleichsweise überdeutlich, wie wenig wirksam die kurze freie Jagd als Folge der 48er Revolution gewesen sein muß. Recht deutlich wird dies auch im Jahrbuch des Königlich Bayerischen Ministerialforstbureau aus dem Nachrevolutionsjahr 1861. Dort findet sich folgender Satz: »... namentlich im bayeri-

* Württemberg, Gesetz vom 30. 7. 1886

Wo der Jäger glaubt, die Interessen und Vorgaben der Waldbesitzer ignorieren zu können, wird die Zukunft der Jagd fraglich.

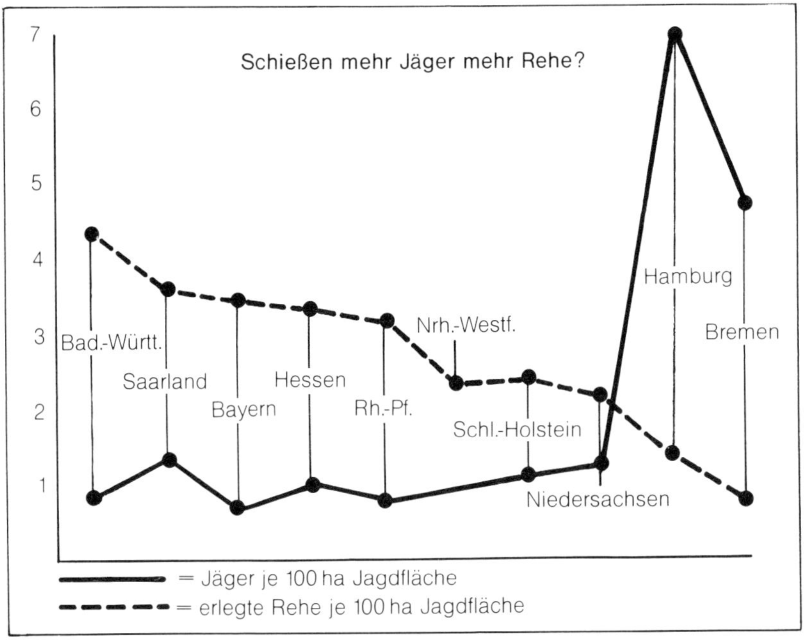

Es ist nicht nachvollziehbar, daß mehr die Jagd ausübende Jäger insgesamt mehr Rehe erlegen als wenige Jäger. Die Tendenz ist eher umgekehrt. Es ist auch keine Korrelation zwischen den Bewaldungsprozenten oder der Wald-Besitzaufteilung und der Rehwildstrecke herzustellen.

schen Hochgebirge, wo sich ein vortrefflicher Gams- und Rothwildstand erhalten hat.«

Für manche Herrenjäger, die aus Vorrevolutionszeiten gewohnt waren, große *Wildherden* zu sehen, mögen die lokal gewandelten Verhältnisse sicher schmerzlich gewesen sein und in ihnen die Befürchtung einer Ausrottung des Rehwildes geweckt haben. So wundert es auch nicht, daß der Rest jenes Jahrhunderts jagdlich unter der Prämisse der Zahlenhege stand. Nein – nicht nur der Rest des vergangenen Jahrhunderts, sondern auch der Anfang unseres Jahrhunderts. Genauer gesagt bis zum Inkrafttreten des Reichsjagdgesetzes im Jahre 1935, das erstmals auch einen *Zwang* zum Abschuß einführte. In den Jahrzehnten nach der 48er Revolution, teilweise bis zum Inkrafttreten des Reichsjagdgesetzes wurden in vielen Ländern des deutschsprachigen Raumes und auch in den östlich angrenzenden Gebieten grundsätzlich kein weibliches Rehwild und keine Kitze erlegt.

Für die Forstbeamten des Staates war es geschriebene und wichtige Dienstaufgabe, darüber zu wachen, daß von den ›Bauern- und Sonntagsjägern‹

keine Geiß erlegt wurde. Wem dieses Malheur bei der Treibjagd dennoch unterlief, hatte mit Jagdkartenentzug zu rechnen.
Und da – obwohl wir längst wissen, wie sprunghaft sich das Rehwild bei Schonung vermehrt – wird immer noch behauptet, es hätte vor der Jahrhundertwende kaum noch Rehwild in Deutschland gegeben. Das reimt sich nicht.
Bis zur Einführung des Reichsjagdgesetzes war auch noch überall *der rauhe Schuß* (der Schrotschuß) auf Rehwild erlaubt, wenn sich auch nicht alle Jäger seiner bedienten. Eigentlich erst so um die Jahrhundertwende, mit der Hochstilisierung des Rehbockes zum ›Hirsch des kleinen Mannes‹ bürgerte sich nach und nach der Kugelschuß auf Rehwild ein. Besser gesagt nur auf den Bock. Übrigens hat sich dieser Brauch bis in unsere Tage in einigen Kantonen der Schweiz gehalten. Dort gibt es noch heute geteilte Jagdzeiten für Rehwild, eine sommerliche *Kugel-Jagdzeit* und eine herbstliche *Schrot-Jagdzeit*.

Ziele der Bejagung heute

Zumindest im deutsch-österreichischen Raume ist die *primäre* Fleischjagd außer Mode gekommen. Ich sage bewußt ›primäre‹ Fleischjagd, denn eine *sekundäre* kann es zuweilen noch geben: Abschuß und Wildpretverkauf zur Pachtfinanzierung.
Heute werden dem Jäger andere Motive als Rechtfertigung seiner Jagdausübung angeboten und von ihm verlangt. Einmal die vielbeschworene und ebenso strapazierte Landeskultur, zum anderen die Gesunderhaltung der bejagten Wildbestände selbst. Daneben aber findet sich, ganz der geistigen und ideologischen Pluralität der Jäger entsprechend, noch eine ganze Reihe anderer Haupt- und Nebenmotive. Das Wichtigste erscheint mir die eingestandene Freude an der Jagdausübung, die Lust am Erbeuten eingeschlossen. Beide stehen in keinerlei Widerspruch zu den ›offiziellen‹ Motiven – Landeskultur und Gesunderhaltung.
Wie schwierig es sein muß, diesen ›offiziellen Zielen‹ gerecht zu werden, ergibt sich schon aus dem, was im Kapitel über die Zählbarkeit der Rehe (Seite 56 ff.) gesagt wurde. Ich will die schon aufgezeigten Schwierigkeiten hier nicht weiter vertiefen, viel mehr lieber einen pragmatischen Weg aufzeigen.
Geht es uns um die vielbeschworene Landeskultur – in diesem Fall also Verbißschäden an Forstpflanzen –, ist als erstes die Frage zu klären, *wann* solche Schäden vorzugsweise entstehen und zu welcher Jahreszeit sie den Forstpflanzen *am gefährlichsten* sind. Beides ist nur schwer und nicht ganz präzise zu beantworten, weil hier die lokalen Unterschiede und Rahmenbedingungen eine große Rolle spielen.
So ist bei der Fichte vielerorts der Verbiß der jungen Maitriebe besonders stark und gefährlich. Gegen ihn gibt es nur zwei wirklich helfende Maßnahmen: Zaun und/oder Abschuß. Ganz anders bei der von den Rehen insgesamt viel stärker

und lieber verbissenen Weißtanne. Sie fällt den Rehen nämlich vorzugsweise im Winter zum Opfer. Ihre Maitriebe hingegen werden *wenig* beachtet. Man kann also der Tanne, hat sie erst einmal eine Höhe von etwa 20 cm oder mehr erreicht, ganz gut helfen. Nämlich chemisch, mit einem der üblichen Verbißschutzmittel. Wieder anders und noch differenzierter zu bewerten ist der Verbiß an den verschiedenen Laubhölzern. Meist liegt der Verbißschwerpunkt hier im Frühsommer, jedoch kommt es dann vielfach noch zur Bildung eines Ersatz-Terminaltriebes. Ein zweiter Schwerpunkt scheint im Herbst zu liegen. Ist der Anteil an ungezäuntem Laubholz gering und auch sonst die Naturäsung nicht allzu üppig, dann bleibt für den Winter schon nicht mehr viel übrig. Folglich ist es wichtig, den Abschuß nicht nur zahlenmäßig, sondern auch zeitlich richtig (rechtzeitig!) zu vollziehen.

Ganz klar: Haben wir 20 weibliche Rehe und Kitze zu schießen und erlegen wir diese erst im Dezember und Januar, dann ist der Verbiß schon weitgehend gelaufen, ehe wir den Abschuß erfüllen. Wir könnten aber auch fünf Schmalrehe bereits im Mai und Juni schießen und den Rest des Abschusses im September und Oktober erfüllen. Damit fangen wir einen Teil des Herbstverbisses noch ab. Sowohl die Abschußhöhe als auch der verbleibende Bestand sind bei beiden Modellen absolut gleich, die Auswirkung auf die Vegetation jedoch nicht.

Schmalrehe im Mai

In einigen Bundesländern beginnt die Jagdzeit der Schmalrehe bereits am 16. Mai, zusammen mit der für Rehböcke. Im Norden der Bundesrepublik hingegen erst im September*, zusammen mit der Jagd für Geißen und Kitze. Bei Einführung der vorgezogenen Jagdzeit auf Schmalrehe in den ›Südstaaten‹ protestierten viele Jäger heftig. Ihre Bedenken waren damals die gleichen wie heute noch jene der Jäger in den ›Nordstaaten‹. Im Süden wird aber heute kaum noch ein Jäger auf die vorgezogene Jagdzeit verzichten wollen.

Hauptgegenargument war die Befürchtung, es würden im Sommer führende Ricken versehentlich von den Kitzen weggeschossen. Diese Gefahr besteht sicherlich. Ursache ist dann aber nicht die vorgezogene Jagdzeit, sondern das mangelnde Können der Jäger. Zu keiner Zeit ist ein Schmalreh leichter von einer führenden Ricke zu unterscheiden als im Frühsommer! Etwa bis Ende Juni zeigt uns ein Blick zwischen die Keulen auch ohne Spektiv den ›Familienstand‹ des Rehes an. Das Gesäuge hebt sich – auch wenn es die Kitze eben erst geleert haben – zu dieser Zeit noch deutlich ab. Ab Juli wird das Ansprechen dann schwerer, einmal weil die Schmalrehe deutlich an Gewicht aufgeholt haben und nun rein optisch ihren Müttern ähnlicher sind, zum andern weil

* Inzwischen hat auch Niedersachsen die Jagdzeit der Schmalrehe auf den 16. 5. vorverlegt

Im Frühsommer sind Schmalrehe noch überaus leicht anzusprechen und konditionelle Unterschiede werden deutlicher als im Herbst.

die Gesäuge der Geißen mit der Umstellung der Kitze auf pflanzliche Nahrung etwas zurückgehen.
Von Vorteil für die Abschußerfüllung ist insbesonders die Tatsache, daß die Schmalrehe (überhaupt das weibliche Rehwild) zu keiner anderen Jahreszeit so häufig beobachtbar sind wie im Frühsommer, zudem bei günstigerem Licht als im Herbst. Es wird kurz nach vier Uhr in der Frühe hell, und der Betrieb in Wald und Feld beginnt erst zwischen sechs und sieben Uhr. Im November beginnt der Betrieb auch um sieben Uhr, aber es ist bis dahin fast noch dunkel. Im Juni stehen die von ihren Müttern verjagten Schmalrehe am hellen Tag auf den Feldern, im Herbst und Winter dagegen sind die Felder kahl.
Natürlich wird es immer wieder vorkommen, daß versehentlich eine Geiß geschossen wird. Das ist nach unserem menschlichen Empfinden schlimm. Die Natur (und indirekt auch der Mensch mittels Straßenverkehr!) nimmt aber auf solche Gefühle keine Rücksicht. Geißen verenden an Krankheiten, Vergiftungen, alten Verletzungen oder als Folge von Verkehrsunfällen zu jeder Jahreszeit und ohne Rücksicht auf die Kitze. Wir Jäger schließlich sind bei anderen Wildarten wenig zimperlich. Die Ringeltauben brüten zwar bis in den September hinein, wir schießen sie aber bedenkenlos schon im Juli! Und bei säugenden Häsinnen im Oktober, bei der Krähe, bei Elster und Eichelhäher werden wir von Tierschutz-Skrupeln weniger geplagt.
Rehkitze werden erst im Alter von drei bis vier Wochen auf ihre Mutter geprägt. Vorher drängen sie bei jeder beliebigen Geiß nach dem Gesäuge. Auch die Geißen kennen ihre eigenen Kitze in den ersten Lebenswochen nicht ›persön-

Wir sehen keine Rehe mehr! Jogger, Beerensucher, Wanderer, Waldarbeiter ... War es vor 40 Jahren besser? Gewiss nicht. Damals gab es (ohne Motorsägen) noch sechsmal soviele Holzhauer wie heute, den ganzen Winter waren die Holzrücker im Wald (Heute wird ›gestempelt‹), die meisten Reviere hatten eine Vielzahl von ›Kulturdamen‹, Schwammerl- und Beerensucher, in allen Mösern wurde Torf gestochen, jeder Graben wurde alljährlich geöffnet, jeder Bachlauf von Pflanzenwuchs befreit und aus Not gewildert. Hatten die Rehe früher tatsächlich mehr Ruhe?

Der Spätwinter ist für die erwachsenen Rehe die große Fallwildzeit. Je mehr wir die Rehe von hochwertigen Eiweißfuttern abhängig machen, um so schwerer fällt ihrem Verdauungssystem der Übergang zur Naturäsung.

Auch die ungeheure Expansion des Maisanbaues hat die Rehe begünstigt. Er schafft die denkbar ruhigste Sommerdeckung. Nur einen Schritt und die Rehe stehen mitten in der Äsung. Im Winter wandern sie dann in den Wald. Übrigens – was ist das eigentlich: Schmalreh oder Geiß und falls letzteres, wie alt ist sie dann? . . .

Lebenskünstler und Opportunist Reh – festgehalten von Tiermaler Bernd Pöppelmann, von dem auch die übrigen Zeichnungen in diesem Buch sind.

lich‹. Sie orientieren sich am Ablegeplatz und am Fiepen. Fremde Kitze dürfen in dieser Zeit an die Spinne. Erst nach Abschluß der Prägephase kennen sich Geiß und Kitz persönlich, und erst jetzt weisen Geißen fremde Kitze ab [Kurt 1968]. So ist es wahrscheinlich, daß gelegentlich auch früh verwaiste Kitze von fremden Geißen angenommen werden. Noch wahrscheinlicher ist aber, daß das mutterlose Kitz baldigst vom Fuchs gegriffen wird. Grausam, werden die Selbstgefälligen sagen. Mag sein. Sicher aber nicht grausamer, als wenn wir es drei Monate später schießen. Weit ›grausamer‹ ist es jedenfalls, wenn wir dem Kitz die Geiß im September wegschießen. Nur empfinden wir das dann folgende Hinsiechen mit langsamerem Wintertod nicht so brutal wie den Fuchs an der Kehle des süßen Bambis.

Der Tod eines früh verwaisten Kitzes selbst, in welcher Form er auch kommen mag, ist nicht grausamer als jener der Masthähnchen und Schweine, die wir uns – um Geld zu sparen! – von der industrialisierten Landwirtschaft mästen und ans Schlacht-Fließband hängen lassen! Ich will das Übel eines mutterlosen Kitzes damit keineswegs bagatellisieren. Nur sollten wir solche Dinge eben an unserem übrigen Gebaren – an unserer Gesamteinstellung zum Leben – und an der Natur selbst messen und relativieren.
Weit mehr Kitze werden im September, erst recht in den späteren Herbst- und Wintermonaten zu Waisen. Sie sind dann wirklich arm dran, vegetieren am Rande fremder Familien oder zusammen mit ebenfalls mutterlosen Kitzen durch, zuweilen auch bloß in den Winter.

Schmalrehe im Herbst

Je weiter das Jahr fortschreitet, um so schwieriger wird es, die Schmalrehe sicher anzusprechen. Wer die Möglichkeit hat, größere Strecken kritisch – auch selbstkritisch – zu analysieren, kommt um die Feststellung nicht herum, daß viele Schmalrehe im Herbst und Winter als ›nicht führende Geißen‹ erlegt werden. Umgekehrt wird sicher auch manche tatsächlich ›nicht führende‹ Geiß als Schmalreh angesprochen und erlegt. Das ist nicht verwunderlich. Rehe wachsen in ihren ersten vier Lebensmonaten so rasch, wie später nie wieder [Ellenberg 1984]. Sie können über Wochen hinweg Zuwachsraten von bis zu 200 g pro Tag erbringen. Bis Ende September sind Tageszunahmen von 100 g die Regel. Erst im Spätherbst und Winter stagniert ihr Wachstum. Ellenberg hat die Entwicklung junger Rehe in Stammham eingehend untersucht und weist darauf hin, daß weibliche Rehe körperlich früher ausgewachsen sind als männliche. »Unter günstigen Bedingungen sind weibliche Rehe zu Beginn ihres zweiten Lebenswinters weitgehend ausgewachsen.«
Schmalrehe sind folglich im Spätherbst und Winter gar nicht so leicht als solche zu erkennen. Ein Wahlabschuß im Sinne körperlich unterkonditionierter Schmalrehe spiegelt sich eher in Zufallsergebnissen.

Frühsommer-Jährlinge

Bei den Jährlingsböcken sollten wir uns ähnlich verhalten wie bei den Schmalrehen. Zwar können wir ihren Abschuß ohnehin nicht in den Spätherbst und Winter schieben, wohl aber in den späten Sommer. In dieser Zeit sehen wir sie jedoch nur noch bedingt. Die meisten Jährlinge beobachten wir jeweils im Frühsommer, in der Zeit der absoluten Territorialität der älteren Böcke. Warum das so ist, haben wir ja schon im Kapitel ›Wandern und Wohlfühlen‹ dargelegt. Im Mai und Juni werden die Jährlinge von den älteren Böcken ständig in Bewegung gehalten. Entsprechend häufig bekommen wir sie auch zu sehen und können sie erlegen. In dieser Zeit unterscheiden sie sich nicht nur deutlich von älteren Böcken, auch zwischen ihnen sind konditionelle Unterschiede noch gut zu erkennen.
Es gibt auch noch einen anderen Grund, *mit dem Abschuß der Jährlingsböcke so früh wie möglich zu beginnen*: Ihr Anteil am Gesamtbockabschuß soll 40 bis 50% betragen. In diesem Rahmen bewegen sich wohl auch die Verluste dieser Altersklasse in vom Menschen unbeeinflußten Populationen. Je weiter wir mit der Jagd in den Sommer hinein zuwarten, um so schwerer fällt uns der Jährlingsabschuß. Wir sehen sie einfach nicht mehr. Die alten Böcke haben längst ihre Reviere gebildet, die Territorialität läßt nach. Abschuß mehrjähriger Böcke schafft Nischen, die Jährlinge wandern in diese ein. Im Feld läuft der Erntebetrieb auf vollen Touren, läßt den Rehen wenig Raum und uns noch weniger Gelegenheit, sie zu beobachten. Im Wald drinnen mag es zwar vergleichsweise ruhig sein, dafür aber ist die Schlagflora mehr als rehhoch.
Ein weiterer gewichtiger Grund ist der, daß im dichtbesetzten Revier die stärksten Jährlinge zuerst wandern müssen; auch darüber haben wir ja schon ausführlich gesprochen.

> Wer ihnen Raum schaffen will, der muß beizeiten die Schwachen ernten. Zuweilen untersagen Revierinhaber ihren Mitjägern den Abschuß von Jährlingsböcken – auch der wirklich schwachen – gänzlich, mit der Begründung, diese würden im darauffolgenden Jahr zu Abschußböcken mit mindestens geringen ›Trophäen‹. Abgesehen davon, daß ich ein solches Vorgehen schlicht für einen biologischen, wie jägerischen Unsinn halte, dürfen wir uns bei solcher Argumentation auch nicht mehr darüber wundern, daß uns Teile der Öffentlichkeit als reine Trophäenfetischisten abstempeln.

Stellt sich die Frage, welche Jährlinge man bevorzugt schießen solle? Und auch hier möchte ich mit Herzog Albrecht v. Bayern antworten: »Vor allem genug!« Wenn ich in meiner Erinnerung gut zwei Jahrzehnte zurückblende, so durften damals – auch in den ›Südstaaten‹ – eigentlich nur ›Knopfer‹-Jährlinge geschossen werden. Die Jagdzeitungen waren voll des ›Knopfbock-Problems‹. In den ›guten‹ Revieren wurden sie regelmäßig (soweit man sie über-

haupt sah) herausselektiert, und es wurde gesteigerter Wert auf strengen Wahlabschuß bei weiblichem Wild gelegt – ›Aufbau guter Mutterlinien‹. Die Zahl der jährlich nachwachsenden Knopfer hatte sich dadurch nicht verändert. Mancherorts wurden bei den Trophäenschauen Medaillen für den ›besten Hegeabschuß‹ vergeben: Wer die meisten Knopfer vorweisen konnte, war der beste ›Heger‹. Weil aber ein erheblicher Teil der Jäger an den mickrigen Knopfern überhaupt kein Interesse hatte, wurden sie schließlich in manchen Landkreisen zusätzlich freigegeben, nicht auf den regulären Bockabschuß angerechnet. Um das Geschlechterverhältnis nicht in Unordnung zu bringen, gingen einige Landkreise dazu über, für jeden Knopfer zusätzlich ein Stück weibliches Wild zuzugeben. Vielerorts wirkte dies nun wiederum als Bremse. Man wollte seine Rehe ja nicht ›ausrotten‹.
Ich selbst war einige Zeit in einer nordhessischen Verwaltung und hatte jagdlich viel freie Hand. Dort nun mußte man jeden Knopfbock beim Hegeringleiter vorzeigen, der ihn nachmaß. Anfangs durften die ›Knöpfe‹ auf einer Seite maximal drei Zentimeter lang sein. Später dann auch beidseitig und schließlich auf der einen Seite gar fünf Zentimeter. Wir (und eine Reihe uns bekannter Jäger) lösten das Zentimeterproblem mit der Feile und Holundertrieben, oder die kurzen Spieße waren ›abgekämpft‹ ... Ja, es ist heute, zumindest in den ›Südstaaten‹ nicht mehr richtig vorstellbar, welche Lächerlichkeiten uns die staatliche Jagdverwaltung und manche Jagdfunktionäre(!) schon abnötigten, ehe erstere dazu überging, uns als reine Zahlenheger zu deklarieren und die überhöhten Wilddichten entdeckte.
Woran also, können wir uns beim Jährlingsabschuß halten? Wo man sich's leisten kann (Zahl vor Wahl!), an die körperliche Verfassung. ›Rahmen‹, Gewicht und Geweih müssen beim Jährling nicht einheitlich ausgebildet sein. Ein großrahmiger Jährling (der eben seine ganze Kraft schon in den Körperbau investiert hat) kann durchaus nur Knöpfe tragen. Im nächsten Jahr wird er vielleicht zum besten Zweijährigen. Umgekehrt kann ein in seinem Rahmen recht mittelmäßiger Vertreter dieser Klasse respektable Sechserstängelchen tragen.
Kurz: Körperbau ist wichtiger als Geweih! Zahl ist wichtiger als Selektion!

Bei vielen Lesern werde ich mit meiner so oft betonten Parole ›Zahl vor Wahl‹ Unverständnis ernten und böse Ängste wecken. Als ich dieser Tage einmal die Streckenlisten meines typischen ›Zahl-Vor-Wahl-Reviers‹, der Staatsjagd Kempter-Wald, mit jener meiner Vorgänger an der hiesigen Forstverwaltung verglich, waren die Ergebnisse selbst für mich etwas überraschend. Hier, im württembergischen Westallgäu, hatte man weniger Jährlinge geschossen, immer gewählt und gewägt und – meist *nicht* geschossen. Die 14 im Laufe von acht Jahren geschossenen Jährlingsböcke waren fast ausschließlich typische Knopfer mit einem Durchschnitts-Wildpretgewicht von 10,93 kg ohne Haupt. Der Schwerste von ihnen wog 14 kg und

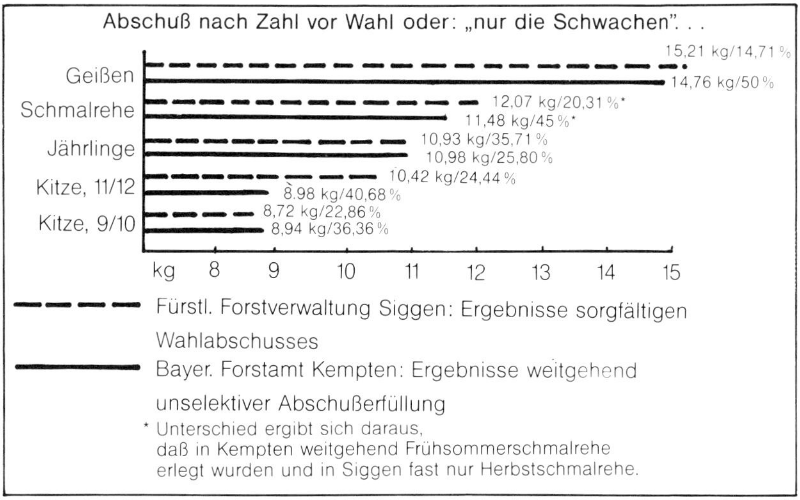

Während die Durchschnittsgewichte annähernd gleich sind, ist der Anteil der körperlich unterdurchschnittlichen Rehe in Kempten eher größer!

der Schwächste 8,0 kg. Unter dem Durchschnitt lagen 36% und über dem Durchschnitt etwa 64%. Im Kempter-Wald schoß ich ziemlich wahllos 31 Jährlinge. Geschont wurden nur die deutlich vereckten Sechser-Jährlinge. Das Durchschnittsgewicht der erlegten Jährlinge betrug 10,98 kg. Der Schwerste von ihnen wog 13,5 kg und der Schwächste 7,5 kg. 32% lagen unter dem Durchschnitt und 67% über dem Durchschnitt. Wo also, verehrter Leser, lag (abgesehen vom Ritual) der Unterschied ...?

Kitze im September?

Auch so ein Kapitel – der Kitzabschuß. Selbst mir ergeht es fast jedes Jahr so: Anfang September stehen die Geißen mit ihren Kitzen noch draußen auf den kurzen, herbstgrünen Wiesen. Aber ich habe ja noch Zeit. Viel Zeit scheint mir. Und schwer zu verwerten sind die jetzt noch leichten Kitze auch. Also warte ich noch. Meist wird es dann Mitte September, bis ich, mehr widerstrebend als willig, das eine oder andere Kitz erlege. Dann – fast über Nacht(!) – ist jene immer wiederkehrende Zeit des Herbstes da, in der fast nichts mehr geht. Erst im Oktober wird es zuweilen wieder besser. Die Rehe lassen sich wieder sehen. Zu der Zeit aber braucht man sich bei uns im reinen Grünland schon nicht mehr am Waldrand anzusetzen. Auf fast allen Wiesen läuft das Vieh und rupft an den letzten, kurzen Halmen. Die Rehe leben dann fast ausschließlich im Wald.

Was meine Erfahrungen bezüglich der Beobachtbarkeit der Kitze im September, vor allem im Verhältnis zu jener der Geißen und Schmalrehe betrifft, so decken sie sich nicht unbedingt mit den von ELLENBERG in Stammham gemachten. Damit stelle ich seine Daten über die Beobachtbarkeit von Rehen aber keinesfalls infrage. Während sich nämlich die von ihm beobachteten Rehe in einem vorwiegend mit Wald bestockten Gatter aufhielten (aufhalten mußten), leben unsere Rehe in einem Revier mit relativ hohem Grünlandanteil. Zudem beschränkte sich ELLENBERGS Beobachtungszeitraum nicht auf die beiden Stunden um Morgen- bzw. Abenddämmerung, wie sie – leider – für den Jäger meist maßgeblich sind. Bei uns sind die Kitze jedenfalls in den ersten beiden Septemberwochen während der üblichen Ansitzzeiten noch vermehrt mit ihren Müttern auf dem Grünland zu sehen. Durchaus möglich, daß sie zu dieser Jahreszeit insgesamt, also über 24 Stunden gerechnet, nur relativ wenig zu sehen sind. Das wäre ja auch nicht verwunderlich, denn im Wald – wo sie sich den größten Teil des Tages aufhalten – verschwinden sie noch in der hochstehenden Schlagflora.
Was ich nun eigentlich sagen wollte, ist der Hinweis, *daß man mit dem Abschuß der Kitze nicht früh genug beginnen kann.* Obwohl ich in nunmehr über 20 Berufsjäger-Jahren mein zumeist erhebliches Abschußpensum (bis zu 130 Stück Schalenwild pro Jahr) bisher (ausnahmslos!) erfüllte, so gab es doch Jahre, in denen mir die Erfüllung bei den Kitzen echte Schwierigkeiten bereitete. Das geht, wie mir erfahrene Kollegen versichern, auch anderen Jägern so.
Im September wird immer wieder gezögert, mit dem Kitzabschuß zu beginnen und die Motive sind klar: Die Kitze sind dem rechnenden Jäger noch zu leicht und damit auch schwer verkäuflich; die gerade zu Ende gehende Ferienzeit lastet noch auf den Kassen vieler Haushalte – der Markt ist einfach noch nicht angelaufen. Man wartet. Nach Tschernobyl war die ganze Verkaufssituation noch zerfahrener. Jeder zögerte. Aber die Tschernobyl-Auswirkungen haben die Jäger hinsichtlich Wildpretverkauf auch ›beweglicher‹ gemacht. Viele kamen ganz zwangsweise wieder auf private Kunden zurück, weg vom Großabnehmer mit seinen Ruinpreisen. Erzeugergemeinschaften auf Hegeringbasis haben sich gebildet, Rehwild wird wieder zerwirkt und zuweilen auch ›per Kilo‹ abgegeben, Gefrieranlagen wurden beschafft. Das ist der richtige Weg.
Auch wir sind dazu übergegangen, dann zu schießen, wenn sich die Gelegenheit bietet, ohne nach greifbaren Abnehmern zu fragen. Das geschossene Wild wird zerwirkt, teilweise auch ausgebeint, abgepackt und gefrostet. Kitze, im September kaum an den Mann zu bringen, fanden im Dezember reißenden Absatz! Nicht wenige Kunden fragten ausdrücklich nach *leichten* Kitzen. Künftig gibt es bei mir keine Hemmungen mehr bei den Septemberkitzen.
Daß die Septemberkitze für eine ordentliche Verwertung zu leicht seien, ist – zumindest in normal gehegten Revieren – ein Vorurteil.

Ich habe meine persönliche Kitzstrecke aus dem Staatsjagdrevier Kempter-Wald einmal analysiert und dabei festgestellt:

> 44 im September und Oktober erlegte ›leichte‹ Kitze wogen im Schnitt 8,94 kg. Die 59 in den Monaten November und Dezember erlegten ›schweren‹ Kitze hingegen 8,98 kg …
> Beim Wahlabschuß an der Forstverwaltung Siggen differierten die Durchschnittsgewichte allerdings deutlich. 70 im September und Oktober erlegten Kitze wogen durchschnittlich 8,72 kg, also fast gleich wie jene im Kempter-Wald. Die 45 November- und Dezemberkitze wogen hingegen durchschnittlich 10,42 kg. Allerdings läßt sich der Spieß auch umdrehen und daraus kühn der Schluß ziehen, daß dort eben – trotz strengem Wahlabschuß – im Schnitt doch die stärkeren und damit falschen Kitze geschossen wurden. Statistik spiegelt zuweilen eben auch Wunschdenken. Bei näherer Betrachtung zeigt sich allerdings schnell, daß im letzten Falle auch im November noch Kitze mit 7,5 kg auf der Strecke lagen und immerhin knapp 45% aller erlegten November/Dezember-Kitze nicht das Durchschnittsgewicht erreichten.

Folglich sollte es für jeden, der einen etwas höheren Abschuß oder aber wenig Zeit hat, selbstverständlich sein, schon im September voll mit dem Kitzabschuß zu beginnen.
In diesem Zusammenhang darf auch einmal darauf hingewiesen werden, daß in unseren europäischen Nachbarländern über die Sinnhaftigkeit von Jagd- und Schonzeiten teilweise ganz anders gedacht wird als bei uns. So beginnt die Jagdzeit der Rehkitze in einigen österreichischen Bundesländern bereits am 1. Juni(!), also zu einer Zeit, da noch gar nicht alle Kitze gesetzt sind. In den Niederlanden hingegen darf man sowohl Kitze als auch Geißen erst ab 1. Januar erlegen, dann aber bis zum 15. März. Und in Schottland beginnt die Jagdzeit auf Kitze und Geißen just am 21. Oktober und währt bis zum 31. März – sechs Wochen vor dem Setzen. Bei uns aber streiten sich die Gralshüter der Jagdmoral darüber, ob es waidgerecht sein kann, Kitze schon im Frühseptember zu schießen.

Keine Bockkitze?

Der unter Jägern weit bekannte und erfolgreiche Reh-Heger Franz Rieger aus Ellwangen schreibt mir zum Thema Bockkitzabschuß: »Früher habe ich grundsätzlich die Bockkitze geschont, im Hinblick auf ein gutes Geschlechterverhältnis: über die Hälfte sind als Jährlinge (im Frühjahr) abgewandert. Heute wird beim Abschuß der Kitze nur auf die Körperkondition geachtet, unabhängig vom Geschlecht. Bei zwei schlechten Herbstkitzen wird die ganze Familie eliminiert, ansonsten produziert die Altgeiß nächstes Jahr wieder mäßige Kitze.«

Franz Rieger weiß, wovon er spricht, denn alljährlich markiert er einen erheblichen Teil der bei ihm gesetzten Kitze, und seine Nachbarn ziehen bei dieser Aktion voll mit.

In der Tat gibt es Revierinhaber, die grundsätzlich keine Bockkitze schießen lassen, mit dem Hinweis, auch aus einem schlechten Bockkitz werde im nächsten Jahr zumindest noch ein Knopfbock; mit dem könne man einem Jäger eine Freude machen ... Die Fortsetzung dieses Gedankens habe ich schon im Abschnitt über die Jährlingsböcke skizziert.

Nun gibt es ja in der Tat noch Bundesländer, die den Jägern vorschreiben, wieviele der ihnen freigegebenen Kitze männlich bzw. weiblich sein müssen. Ich will ehrlich sein: Mir war und ist wichtig, daß ich meinen Kitzanteil überhaupt bekomme. Da es keine Unterschiede in der Beobachtbarkeit zwischen männlichen und weiblichen Kitzen gibt – jedenfalls ist mir nichts von derartigen Untersuchungsergebnissen bekannt –, wird ein mehr vom Zufall bestimmter, nicht nach dem Geschlecht fragender Kitz-Abschuß (großräumig!) eher ausgewogen sein als ein sklavisch verordneter und trennender Abschuß. Lokale Unterschiede gleichen sich großflächig aus.

Das heißt, es würden – wenn wir grundsätzlich ohne Rücksicht auf das Geschlecht schießen, was sich eben schießen läßt – die Anteile an männlichen und weiblichen Kitze an unserer Strecke dem Verhältnis der tatsächlich vorhandenen Kitze entsprechen.

Ich darf hier wieder auf Zahlen aus meiner eigenen Praxis zurückgreifen: Im Kempter Wald wurde nach dem Geschlecht des Kitzes überhaupt nicht gefragt. Dort waren von den 111 Kitzen meiner persönlichen Strecke 51 männlich und 60 weiblich. Berücksichtigt man, daß Rehwild sowohl auf starke Aderlässe, als auch auf eine Konditionsverbesserbung mit einer Verschiebung des Geschlechterverhältnisses bei den Kitzen zu den weiblichen hin reagiert, dann darf man 51 zu 60 als durchaus ausgewogen betrachten.

Allerdings, wenn ich meiner Auszählung nicht die Gesamtstrecke von fünf Jahren zugrundelege, sondern nur den Abschuß einzelner Jahre oder aber die Abschußsektion bestimmter Waldabteilungen, dann formen sich ganz andere (konfuse!) Ergebnisse heraus.

Daran krankt ja vielfach unsere gängige Betrachtungsweise biologischer Abläufe: Wir sehen nur unser kleines Revier mit seinen 100 oder 500 ha Wald und betrachten es als homogenen Lebensraum des Rehwildes. Unser zweiter Kardinalfehler ist der, daß wir vielfach versuchen so zu denken, zu wirtschaften und zu planen, wie der Bauer im Kuhstall! Jener aber hat vier feste Wände, Kühe mit Nummern und den Bauern als unerbittlichen Türvorsteher.

Nein, was immer wir in punkto Wildbewirtschaftung in unserem Revier tun, so sind wir abhängig vom Gesamtgeschehen der Populationsdynamik – bei weitem nicht nur auf der Flächenbasis einer Hegegemeinschaft.
Wie sich ein behördlich detaillierter und von uns korrekt durchgeführter Kitzabschuß tatsächlich auswirkt, vermögen wir in keinem Fall zu bestimmen. Folgende Faktoren und Fragen hängen sich an:

1. Wie hoch war die Zahl der setzenden Geißen und wie viele Kitze erbrachte eine Geiß durchschnittlich?
2. Wie war das Geschlechterverhältnis der frisch gesetzten Kitze? Es hängt von der Bestandsdichte der Rehe insgesamt und insbesonders von der Kondition der Geißen ab.
3. Wie hoch war die frühe Jugendmortalität (Sterblichkeit durch Hunger, Wetter, Krankheit, Mähverluste, Verluste durch Fuchs usw.) und welches Geschlecht war davon eventuell stärker betroffen?

Natürlich kann ich meine Bockkitze schonen, in der perversen Hoffnung, sie zu ›Abschuß-Knopfern‹ mit Freude an der kleinen Trophäe über den Winter zu halten. Das Geschlechterverhältnis beeinflusse ich damit großräumig(!) sicher *nicht*. Nur zwinge ich dabei einen Teil der zu Jährlingsböcken avancierten Kitze, unseren ›Rehstall‹ zu verlassen, sich auf Wanderschaft zu begeben. Die Schlechtesten (siehe weiter oben) mögen geduldet werden.
Das ewig diskutierte Knopfbock-Problem ist in Wirklichkeit nur ein Jäger-Problem; ein Symptom weit verbreiteter Uneinsichtigkeit.

Geschwister sind Konkurrenten!

Auf die überlebenden Kitze wirkt sich ein früher Abschuß der ›Nahrungskonkurrenten‹ in jedem Falle positiv aus. Wir Jäger haben kaum die Fähigkeit, das Gewicht eines lebenden, sich in Bewegung befindlichen Kitzes mit annähernder Sicherheit genau zu schätzen. Außerdem scheinen männliche Rehe ihr Gewicht nicht nur über einen längeren Zeitraum hinweg aufzustocken als weibliche, sie scheinen letzteren auch als Kitz schon etwas überlegen zu sein. Ein Gewichtsunterschied von einem halben Kilogramm zwischen Geschwistern verschiedenen Geschlechts kann demnach nicht als Kriterium für den späteren ›Zuchtwert‹ verstanden werden. Er ist normal. Wird nun eines der Kitze frühzeitig weggenommen, so wird das überlebende eine deutlich bessere Herbstentwicklung durchmachen.
Die körperliche Entwicklung der Kitze hängt aber offensichtlich auch vom sozialen Rang der Mutter ab. Das wiederum bedeutet, daß schon die Zufälligkeiten der Mortalität (auch durch die Jagd) ganz neue Programme für das folgende Generationsjahr schaffen können. Das folgende Gedankenspiel zeigt, wie spontan und unkontrollierbar sich ›Programme‹ in der Natur ändern.
Geiß A dominiert deutlich über Geiß B. Ihre Kitze müssen trotzdem nicht

unbedingt stärker sein als jene von B. Einfach deshalb nicht, weil sie (als Folge ihrer guten Kondition) Zwillinge hochgebracht hat. Sie kann aber auch ein Kitz früh verloren haben, eventuell auch alle beiden (Mähverluste). Kommt nun A selbst ums Leben; kann B im nächsten Jahr durchaus dominierend sein, was sich dann auch auf die nächstjährigen Kitze positiv auswirken wird. Nun kann aber B ebenfalls frühzeitig ihre Kitze verlieren. Die Folge wäre wahrscheinlich eine weit bessere Kondition und da sie – Folge ihrer vorher geringeren Kondition – wieder nur ein einziges befruchtetes Ei in sich trägt, dürfen wir im nächsten Jahr auf ein besonders starkes Kitz dieser Geiß B rechnen. Genauso gut könnte aber Geiß A mit ihren beiden Kitzen am Leben bleiben und – von diesen recht ausgelaugt – im nächsten Jahr zwei eher sehr schwache Kitze bringen.
Dieses Gedankenspiel läßt sich endlos fortsetzen und es zeigt uns, wie vielfältig die Wechselwirkungen sein müssen und wie wenig wir ›züchterischen Einfluß‹ nehmen können. Die Natur lebt und hält sich in steter Pendelbewegung.

Schlechte Familien?

Eine Unmenge Papier ist über dieses Thema schon verschrieben worden. Und das empfohlene Rezept ist eingängig und scheinbar nachvollziehbar: Der wahre Rehheger notiert sich übers Jahr die schwachen Familien, vorzugsweise natürlich die ›zuchtuntauglichen‹ Geißen. Im Herbst geht er dann zu deren treu gehaltenen Einständen und erwaidwerkt sie.
Soweit, so unbrauchbar. Denn daß das Erscheinungsbild einer Geiß weit mehr von ihrer engeren Umwelt und insbesondere von ihrer persönlichen Entwicklung (sprich ihrer Jugendernährung) abhängt als von ihren Erbanlagen, haben wir ja weiter vorne schon besprochen (s. Seite 48 ff.). Wie stark und gesund nun aber ihr Nachwuchs wird, darüber entscheiden noch eine Menge weiterer Faktoren.
Auch Ellenberg [1974, 1978, 1979] verwies schon darauf, wie ›außerordentlich empfindlich für Umwelteinflüsse‹ sich Reh-Gewichte erweisen. Im Rehgatter Stammham erreichten die größten Kitze Anfang Dezember zum Beispiel Lebendgewichte von 20 kg, während die leichtesten zur gleichen Zeit weniger als 9 kg wogen. Ellenberg nimmt ein Lebendgewicht von 12,5 kg als Vorbedingung für das Überleben des ersten Winters. Dieses Gewicht wird vor allem dann nicht erreicht, wenn die Entwicklung der ersten fünf, sechs Lebenswochen ungünstig verläuft. Während dieser Zeit kann es aber sowohl von der Qualität des Territoriums als auch vom zufällig nutzenden Menschen her zu ganz unterschiedlichen Entwicklungen kommen.
Negativ auf die Kitzentwicklung wirken sich folgende Faktoren aus:
1. Ernährungszustand der Geiß ist von vornherein schlecht.
2. Es handelt sich um Zwillings- oder gar Drillingskitze.

3. Die Rehwilddichte ist hoch, das Territorium damit klein, zusätzlich direkte Äsungskonkurrenz und Streitereien (Streß).
4. Die Geiß hat einen geringen sozialen Rang, ist unterdrückt.
5. Das Zwillingskitz ist ein Bockkitz, dann wird das Geißkitz meist schlechter wachsen.
6. Die der Geiß zugänglichen Äsungsbereiche sind gerade in dieser Zeit stark gestört.

Ist eine Familie *optisch* schlecht, kann dies die unterschiedlichsten Ursachen haben. Dieser Zustand sagt zumindest wenig, meist aber nichts über die Erbanlagen der einzelnen Mitglieder dieser Familie aus.

Ellenberg gibt das Durchschnittsgewicht einer Rehgeiß in der Bundesrepublik mit 14 kg an. Diese ›Standardgeiß‹ kann nun unter günstigen Bedingungen ein besonders pralles Kitz, unter ungünstigen Bedingungen aber auch zwei ›mickrige‹ Kitze in den Herbst führen.

Und wenn sie nun kurz zuvor zufällig eines dieser beiden Zwillingskitze verloren hat, so tritt sie uns gar mit einem einzigen mickrigen Kitz entgegen – eine schlechte Familie ...?

Natürlich wäre es sinnvoll, dieses schwache Kitz zu erlegen, weil fraglich ist, ob und wie es durch den Winter kommt und weil es wahrscheinlich selbst wieder schwache Kitze bringen wird. Aber ausschließlich nach solchen Kriterien einen Abschuß zu vollziehen, führt in die Irre, weil er nicht effektiv sein kann.

Es ist auch fraglich, wie der Jäger nicht markierte Familien sicher kennen und wiedererkennen will. Meist bekommt man zur Antwort, die Geiß stehe schon seit Jahren an der gleichen Örtlichkeit. Man kenne sie einfach. In den meisten Fällen wurde aber an besagter Örtlichkeit nicht immer dieselbe, sondern vielleicht einige Dutzend verschiedener Geißen gesehen. Wenn heute von vielen Jägern vorgegeben wird, sie müßten bis zu zehn Ansitze investieren, um überhaupt ein Reh zu sehen, dann sei die Frage erlaubt, wie es dann noch möglich ist, bestimmte Familien zu beobachten und zu erkennen? (Siehe auch Seite 64.)

Als Praxisbeispiel möge ein Auszug aus meinem Jagdtagebuch und der Streckenliste des Jahres 1984/85 unserer Forstverwaltung dienen:

> Auf einer kleinen Waldwiese in Abteilung 2 standen den ganzen Sommer über bis in den September hinein eine Geiß mit einem weiblichen Kitz, daneben gelegentlich auch ein Jährling und ein etwas älterer Bock. Es waren folglich (so der überschnelle Trugschluß) sicher nur diese vier Rehe dort wohnhaft. Am 19. September waren alle Rehe auf der Wiese versammelt. Ich schoß zunächst die Geiß (man rege sich auf!) und dann das Kitz.
> Am 8. Oktober saß ich wieder an der kleinen Wiese. Es erschienen ›die‹ Geiß mit weiblichem Kitz und der Jährlingsbock. Ich erlegte nun zunächst das Kitz; die Geiß sprang ab.
> Am 25. Oktober saß ich erneut an der Waldwiese. Es erschienen ›die‹ Geiß

mit ihrem weiblichen Kitz, der Jährling und der etwas ältere Bock. Ich schoß zunächst auf kürzeste Entfernung die Geiß und gleich darauf das Kitz.

Ich habe also von Anfang August bis Ende Oktober bei keinem meiner dortigen Ansitze mehr als allerhöchstens (?) ein Drittel des weiblichen Wildes gesehen.

Sippen

Damit sind wir bei den Sippen angelangt. Besteht eine Familie aus der Geiß, den diesjährigen und – soweit noch vorhanden – den vorjährigen, jetzt zu Jährlingen aufgestiegenen Kitzen, so bilden mehrere derartiger Familien eine Sippe. Sie können im Laufe der Jahreszeit durch Abschuß *optisch* wieder zu Familien abschmelzen. Nicht selten gesellen sich aber auch fremde Rehe zur Familie oder zur Sippe, etwa ein Bock oder eine durch Abschuß oder Unfall ›solo‹ gestellte Geiß oder ein Schmalreh. Daher finden wir in der fortgeschrittenen Jahreszeit gelegentlich in einem Sprung von fünf Rehen Angehörige ganz verschiedener Familien, die in einem eher losen Verhältnis zusammenstehen (Zweckgemeinschaft).
KURT [1987] hat darauf hingewiesen, daß Rehe über mindestens vier soziale Organisationsformen verfügen. Was sie von diesen zeigen, hängt weitgehend von der jeweiligen Umwelt ab. So kann die soziale Struktur in relativ engen Gebieten sehr variabel sein. Das bedeutet, daß sich ein bestimmtes Reh im Wald unter Umständen anders verhält als draußen im weiten, deckungslosen Feld, wohin es eine bestimmte Äsung vielleicht zieht.
Wer im gesamten Jahresablauf viel draußen im Revier ist, hat sicher schon oft beobachtet, wie Rehe auf ganz verschiedenen Wechseln aus dem Wald ins Feld ziehen und sich dort nach einiger Zeit scheinbar zur Äsung vereinigen. Sie nutzen gemeinsam die besten Äsungsparzellen und fühlen sich – draußen im Feld – im Sprung sicherer. Und so wie sie sich finden und scheinbar vereinigen, gehen sie auch wieder auseinander. Nacheinander ziehen sie zurück in den Wald und können dabei durchaus den gleichen Wechsel benutzen. Sie fühlen sich aber nicht aneinander gebunden. Morgen schon kann die Gesellschaftsordnung eine ganz andere sein. Die wechselnde Versippung erschwert folglich das Erkennen von Familien kolossal. Im Jahreszyklus, ja über Jahre hinweg können unmarkierte Familien nicht sicher erkannt werden (siehe Seite 144). Selbst wenn wir dies könnten, wäre der Erfolg einer solchen Strategie höchst fragwürdig. Wir haben eben keinen ummauerten Kuhstall, in dem es sich züchten läßt. Schließlich haben die Rehe und ihre Vorfahren fast sieben Millionen Jahre ohne unsere Selektion ihr Art- und Genpotential erhalten. Weder Wolf noch Luchs, weder der Winter noch der kalte Mai haben je nach ›schlechten Familien‹ gefragt. Sie haben die Rehe gezehntet, wie und wo und soviel sie erwischen konnten. Keiner hat sich je Gedanken gemacht über

Bestandesaufbau, Geschlechterverhältnis und Altersstruktur. Und bei all dieser ›Grausamkeit‹ sind die Rehe gesund geblieben und haben sich ein ungeheures, schlummerndes Potential bewahrt – bis in unsere Tage. Erst unser Bemühen, sie zu manipulieren – ein unseren Wünschen entsprechendes Reh zu züchten – stellt die Existenz der Art insgesamt zur Disposition!

Rehwild auf der Gesellschaftsjagd

Daß sich der Schrotschuß auf Rehwild im deutschsprachigen Raum so lange gehalten hat, lag natürlich an der Bejagungsform. Rehwildjagd war in erster Linie Gesellschaftsjagd. Die Trophäe galt meist wenig. Nur einige wenige Böcke – natürlich nur Sechserböcke – wurden während der Blattzeit geschossen. Das Gros im Herbst auf Gesellschaftsjagd. Ganz gleich, ob mit oder ohne ›Hörner‹, ob kahl oder im Bast.
Im Archiv unserer Forstverwaltung finden sich reiche und lückenlose Aufzeichnungen über die Rehjagden früherer Zeiten. Einige Zahlen daraus scheinen mir recht interessant zu sein.

Im Bereich des bis zu Kriegsende zu unserer Verwaltung gehörenden Forstamtes Heiligen, drüben in Böhmen, unweit der bayerischen Grenze, war es üblich, alljährlich zur Zeit der ausklingenden Hirschbrunft (!) zur Unterhaltung der Hirschbrunftgäste ein ›Rehjagderl‹ zu veranstalten. Bei solchen Jagden kamen, neben mitgeschossenen 20 bis 40 Waldhasen, nie mehr als 5 bis 6 Rehe zur Strecke. Die Zahlen stammen aus dem Zeitraum zwischen 1870 und 1927. Man beachte die Relation Waldhasen zu Rehe. Nun aber daraus zu schließen, der Rehwildbestand sei – analog zur Strecke – gering gewesen, ist sicher voreilig und falsch. So war es in den dortigen Wäldern nachweisbar keine Ausnahme, wenn ein Jagdgast an sonnigem Blattag seine acht (!) reifen Böcke schoß, oder daß, wie anno 1882, zwei Gäste in den Tagen der Hochbrunft zusammen 38 (!) starke Böcke erlegten. Heute in unseren rehreichen bundesdeutschen Revieren undenkbar!
Rehwild war in erster Linie ein Objekt gesellschaftlichen Jagdpläsiers. Die Treib- und Drückjagden auf Rehwild waren keineswegs als Mittel ernster Wildreduzierung gedacht. Im Bereich des oben erwähnten Forstamtes Heiligen wurden in zehn Jahren, von 1876 bis 1886, alles in allem ganze 135 Rehböcke erlegt. Weibliches Wild und Kitze absolut null! Legt man diese Strecke auf die Revierfläche um, ergibt sich eine Abschußquote von 0,14 Stück je 100 Hektar; dabei waren die unbejagten Schutzjagdflächen nicht mit einbezogen.
Wie das dann wirklich aussah, wurde deutlich, wenn aus bestimmten Gründen zuweilen einmal ›tabula rasa‹ gemacht wurde. Etwa im Jahre 1902 als die Gemeindejagden von Galtenhof und Ringelberg – sie waren als Schutz-

Ist der „Freizeitjäger" in der Lage, seinen Rehwildbestand optimal zu nutzen?

Der weit überwiegende Teil der bundesdeutschen Reh-Jäger muß sich bei der Abschußerfüllung zeitlich auf das Wochenende beschränken. Vielen Jägern ist es aber nicht einmal möglich, jedes Wochenende vom 15. Mai bis 28. Februar dem Rehwildabschuß zu widmen. Die Tabelle stellt meinen Zeitaufwand in einem Voralpenrevier mit 158 ha Waldanteil der im Laufe mehrerer Jahre dort erzielten Reh-Strecke gegenüber:

Mo	Di	Mi	Do	Fr	Sa	So	
70	101	110	95	92	96	63	= 627 Reh-Jagdtage
11,16	16,11	17,54	15,15	14,67	15,31	10,05	= 100 %
17	25	30	20	25	28	13	= 158 erlegte Rehe
10,76	15,82	18,99	12,66	15,82	17,72	8,23	= 100 %
					41		
					25,95 %		

Als reiner „Wochenend-Jäger" hätte ich also höchstens 26 % meiner tatsächlichen Reh-Strecke erzielen können. Wahrscheinlich sogar weniger, weil die Beobachtung unter der Woche gefehlt hätte. Man muß am Wochenende erst abtasten, „wo etwas los ist". Der Schluß zwängt sich auf: „Es gibt keine Rehe mehr".

jagden zugepachtet – verloren zu gehen drohten. Man wollte dem Intriganten nicht viel übrig lassen. Der zuständige Revierförster erhielt Auftrag ›reinen Tisch‹ zu machen. Allein mit Pirsch und Ansitz erlegte er ohne fremde Hilfe 192 Rehe! Derweil wurden aber auf der traditionellen Drückjagd nur ganze vier Rehe geschossen.

Der rauhe Schuß auf Rehwild war damals eben auch ein Mittel der Selbstbeschränkung. Weiter als 35 m konnte man nicht erfolgreich schießen. Die Einführung des Büchsenschusses war Voraussetzung für eine intensivere Nutzung des Rehwildes. Nicht umgekehrt!
Ich erwähne dies alles besonders deshalb, weil heute die Situation die ist, daß sich die einen von Drückjagd und Schrotschuß eine effektivere Jagd und eine Gesunderhaltung des Waldes versprechen, die anderen sehen aber darin den Untergang ›ihres‹ Rehwildes, eine jagdliche Götterdämmerung.
In den meisten deutschen Bundesländern ist die *Drückjagd* auf Rehwild, teil-

Drückjagd auf hochflüchtige wilde Schweine ist hehres Waidwerk; Drückjagd auf langsam ziehende Rehe soll »Schweinerei« sein?...

weise auch die Treibjagd seit jeher erlaubt. Ausnahme war bis zum Jahr 1987 der Freistaat Bayern, wo sich einzelne Funktionäre des Jagdverbandes hervorzutun suchten, als sie ihren Mitgliedern immer wieder die »unwaidmännische« Drückjagd in den gefährlichsten Farben malten. Mit deren Legalisierung schienen Jagdkultur und Wild des Abendlandes dem Untergang geweiht. Anders kann man die jahrelange Hetzkampagne nicht charakterisieren.
In Wirklichkeit – jedenfalls in der Wirklichkeit, die ich in 20, vorzugsweis bayerischen Berufsjägerjahren erlebt habe – wurde landauf und landab gedrückt. Teils dilletantisch, teils erfolgreich. Als Allheilmittel zur pragmatischen Reduzierung überhöhter Rehwildbestände hat sich die Drückjagd nirgends erwiesen!
Im benachbarten Baden-Württemberg sind Landesforstverwaltung und Landesjagdverband schon vor Jahren übereingekommen, eine Empfehlung zur Drückjagd auf Rehwild herauszugeben. Erlaubt war sie in diesem Bundesland aber schon seit jeher. Auch diese Empfehlung suchten einzelne, sich kurioserweise als ›konservativ‹ verstehende Funktionäre und Mitglieder zu einem Glaubenskrieg umzufunktionieren. Es war der starken und glaubwürdigen Persönlichkeit des dortigen Landesjägermeisters, Alfred Hubertus Neuhaus, zu verdanken, daß über einem solchen, völlig überflüssigen Glaubenskrieg nicht der gute Konsens zur Politik verloren ging, wie dies später in Bayern der Fall war. Offensichtlich hatten in Baden-Württemberg die führenden Männer in Forstver-

waltung und Jagdverband auch genug fachliche Erfahrung, um abschätzen zu können, daß mit der Drückjagd die Rehe nicht auszurotten seien, wie dies böse und jagdlich naive Zungen zuweilen behaupteten.
Ganz sicher muß man aber in Sachen Drückjagd relativieren. Es kommt auf die örtlichen Verhältnisse an. Wer nur einige Hektar Wald in seinem Revier hat, außen herum Wiesen und Felder, der mag getrost auf sie verzichten. Denn in der Tat: So dreimalig die Woche einen kleinen Waldkomplex unter viel ›sozialer Beteiligung‹ revierloser Jäger durchgedrückt, das hilft mehr als jede andere Methode. Wenn auch die Strecken klein bleiben, so kann man doch wenigstens das Rehwild hinausekeln. Das Verbißproblem ist damit nicht gelöst, sondern nur auf andere Reviere oder Revierteile verlagert. (Es ist ja auch kein Zufall, daß die gleichen Kreise, die eine Sozialisierung der Jagd in Form von Minirevieren und Vereinsjagd verlangen, nun auch für die Drückjagd plädieren. Nur glaube ich gerade ihnen nicht die Lauterkeit ihrer Absichten und Ziele; nämlich die Entlastung der Vegetation.)
Eines der Hauptargumente, mit dem die Drückjagd gefordert wird, ist die Verringerung des *von uns Jägern erzeugten Jagddrucks auf das Wild*. Das ist ein sehr ernstzunehmendes Argument. Wenn heute – wie behauptet – für die Erlegung eines einzigen Rehes hier und dort zehn und mehr Ansitze investiert werden müssen, dann wird diese Art Jagd sicher zu einem wesentlichen Störfaktor der Rehe. Dies um so mehr, als die Ansitzjagd an den bevorzugten Äsungsplätzen und zu den wichtigsten Äsungszeiten stattfinden. Besonders aber auch, weil sie das Rehwild auf den ohnehin im Herbst und Winter nur wenig zugänglichen Plätzen außerhalb des Waldes stört – auf den Wiesen und Feldern. Durch die Abriegelung des Waldrandes durch intensive Ansitzjagd zwingen wir das Rehwild zur Nahrungsaufnahme noch stärker in die ohnehin schon verbissenen Wälder. Drückjagd hingegen findet im Wald statt und am hellen Tag; sie vergrämt das Wild nicht von den Äsungsflächen.
Andererseits gibt es Reviere, in denen der Erholungsdruck den Jagddruck bei weitem übertrifft. Dem im letzten Büchsenlicht austretenden, nach Äsung gierenden Reh ist es schlicht ›wurst‹, ob ein Jäger vom Ansitz zum abgestellten Auto hatscht oder der letzte Trimmer daherkeucht. Lange Jahre im stark erholungsgeschundenen Staatswald haben mir nie einen Jäger gezeigt, der bei Dunkelheit in den Dickungen herumgekrochen wäre, wohl aber dutzendweise Schwammerlsucher mit Taschenlampen. Man muß eben immer die örtlichen Verhältnisse berücksichtigen.
Wunder darf man sich von der Drückjagd nicht versprechen, und ihre Qualität steht und fällt mit jener der sie ausübenden Jäger. Wo man mit ihr wirklich ›Strecke‹ machen will, da muß es auch viel Rehwild geben, denn in der Regel wird weder vor den Hunden noch vor einer Treibermannschaft alles Rehwild in einer größeren Dickung hoch. Wie vorzüglich Rehe es verstehen, sich zu drücken, sahen wir bereits im Kapitel ›Etwas über die Zählbarkeit der Rehe‹. Welche Mengen von Rehen im vergangenen Jahrhundert in einigen Landes-

teilen in freier Wildbahn lebten und welche Strecken erreicht wurden, zeigt uns schon das weiter oben erwähnte Jahrbuch des königlich bayerischen Ministerial-Forstbureau von 1861. »Um München war der Wildbestand bis zum Jahre 1848 so ausgezeichnet, daß nicht selten auf einer Jagd 100 bis 136 Rehe gleichzeitig ... 1845 bei freier Jagd in einem einzigen Bogen sogar 135 Rehe, darunter über 100 Böcke erlegt wurden.«

Damals trauerte die staatliche Forstverwaltung um den Verlust dieser ›ausgezeichneten‹ Wildbestände!

Wir Jäger brauchen gemeinhin etwas Zeit, ehe wir in der Lage sind, von liebgewordenen Bräuchen und Vorstellungen Abschied zu nehmen und uns an neue Gedanken zu gewöhnen. So lebten noch nach dem Kriege in vielen der damals schon älteren Jäger die jagdlichen Wertvorstellungen der Vor-Reichsjagdgesetzzeiten. In meinen Bubenjahren – sie liegen nicht viel mehr als ein Vierteljahrhundert zurück – waren bei uns im Nordschwarzwald herbstliche Reh-Drückjagden durchaus üblich. Ein regulärer Abschuß von weiblichem Wild, soweit er über den Küchenbedarf der Mitjäger und gelegentlichen Verkauf hinausging, war dagegen (in den ›seriösen‹ Revieren) eher selten. Wie auch? Ein großer Teil der Jägerei war damals eher auf strenge Zahlenhege eingeschworen. So wurden die meisten mit Fuchs und Hase kombinierten Rehjagden auch mehr ein geselliges Ereignis im kleinen, intimen Kreis. Große Dikkungen mied man. Man wußte, daß es sinnlos war. Obwohl es unter solchen Voraussetzungen Rehe mehr als genug gab, lagen bei diesen Drücken, manchmal waren es auch kleine Treiben, selten mehr als fünf Rehe auf der Strecke. Dies, obwohl zu jener Zeit, wenn man unter sich war, die älteren Jäger wenig Hemmung hatten. Standardwaffe war der Drilling. Und vor allem die Senioren unter den Pächtern und Forstbeamten, die noch die Zeit vor 1934 erlebt hatten, bedienten sich immer noch gerne zusätzlich ihrer groben Schrote (›Rehposten‹).

Heute wird in jenen Revieren auf Pirsch und Ansitz insgesamt ein Vielfaches an Rehen erlegt, und das seit fast zwei Jahrzehnten und mit immer noch steigender Tendenz. Es müssen folglich, trotz der heute durch verschiedene Umweltfaktoren optimierten Lebensbedingungen der Rehe, auch damals schon viele von ihnen in den Wäldern meiner Heimat gelebt haben.

Auch in anderen europäischen Ländern, in denen die Drückjagd oder ihre Varianten ausgeübt werden, sind die Rehe nicht ausgestorben. *Schweden ist so ein Beispiel.* Noch vor wenigen Jahrzehnten besiedelte das Rehwild fast nur den südlichen Teil des Landes, vorwiegend die Provinz Schonen. Das schwedische Jagdrecht ist dem unseren von 1848 nicht unähnlich. Jeder kann auf seinem eigenen Grund und Boden jagen. Wenn ich einen Hektar Land besitze, darf ich dort auch Rehe schießen. Allerdings finden sich viele Grundbesitzer zur Revierbildung zusammen. Eine Trophäenjagd in unserem Sinne war unbekannt. Daß man den unnützen Knochen auf dem Bockschädel höher bewerten kann als das gute Wildpret, diese Erkenntnis versucht eben erst der Jagdtou-

rismus zu vermitteln, samt der mit ihm eingeschleiften deutschen ›Jagdkultur‹ – am deutschen Wesen soll die Welt genesen.
Der schwedische Jäger schoß und schießt seine Rehe vorwiegend im Herbst vor dem jagenden Hunde. Mit Schrot selbstverständlich. Ziemlich wahllos und ohne das, was wir Ansprechen nennen. Dennoch vermehren sich die Rehe und dringen inzwischen weit nach Norden vor.
Schwedens Rehböcke hatten und haben Weltruf; sie tragen stärkste Geweihe. Die Äsungsverhältnisse auf den meist armen, sauren Böden sind mager, jedenfalls im Vergleich zu den meisten deutschen Revieren. Hegeabschuß in unserem Sinne gab es nie; trotzdem! Allerdings, das muß gesagt werden, es verstärkt sich der Eindruck, daß auch Schwedens Rehgeweihe kleiner werden. Die Zahl ihrer Träger steigt ...

Rehe brackieren – ein Jagdtag in Schweden

Wir sind eingeladen in ein vorzügliches Revier in Schonen. Vorzüglich, wenn man es an der dort vorkommenden Geweihstärke der Böcke mißt. Es ist Advent. Die Landschaft liegt in Nebel und Melancholie. Rund 700 Hektar mag das Revier groß sein, das unser Gastgeber freiwillig mit einigen Gleichgesinnten gebildet hat. Zwölf Rehe erlaubt die Behörde. Gejagt wird in der Tradition der Väter mit Hunden und Flinte. Mit Martin, unserem Gastgeber, fahren wir zum verabredeten Treffpunkt. Eine kleine Schutzhütte draußen im Wald, an der noch drei weitere schwedische Jäger auf uns warten. Ole hat eine niederläufige Bracke am Riemen, Oke einen wunderschönen Springerspaniel und Gastgeber Martin, seines Zeichens Bauer, seinen Rauhaardackel, in Schweden Tax genannt. Keiner hat ein Fernglas mit, dafür jeder eine Schrotflinte. Auch uns hat man welche geliehen, ich wählte eine alte Hahnflinte mit Rouxverschluß. Einige Patronen Nr. 5 wurden mir zugesteckt, das entspricht Schrotstärke 3 mm. Stärker als 3,5 mm, Nr. 3 erlaubt das schwedische Jagdgesetz nicht.
Wir werden angestellt; weit auseinander, irgendwo an ›rehpaßträchtiger‹ Stelle. (Ja, ›Rehpaß‹ habe ich gesagt, nicht Wechsel.) Mein Platz ist in einem raumen, schon zur Verjüngung vorbereiteten Buchenaltholz, irgendwo zwischen zwei Dickungen. Nebel ziehen um die überall im Walde liegenden Findlinge, Hinterlassenschaft der letzten Eiszeit. Wo meine beiden Nachbarn postiert sind, weiß ich nur ungenau. Es ist auch nicht so wichtig, denn wir stehen weit auseinander, sicher einen halben Kilometer.
Zwei Stunden mag ich so sitzen, allein mit den Meisen und Goldhähnchen. Ich lausche in die kahlen Buchenhallen, trinke die Stille und versuche mich in die schwedische Mentalität der Jäger hineinzufinden. Dann, weit weg und verschwommen, der erste Hundelaut. Er schwillt an und ebbt ab und ich rätsle, wer es wohl sein mag. Bracke oder Spaniel? Später erfahre ich, daß es die kleine bunte Bracke war, die einen Schneehasen jagte. Erfolglos.

Wieder die große Stille und Traurigkeit des nebligen Adventsonntages und viel Zeit, über das eigene Tun nachzudenken. In Deutschland würden sie mich jetzt aus dem Jagdverband ausschließen und beruflich wahrscheinlich meine Verbannung erzwingen: »Rehe vor dem Hund mit Schrot geschossen ...!«
Wenn ich freilich erst im Sommer hierher führe, für einige Tausender ein Produkt dieser Schrot- und Hundehege ernten und daheim recht mit ihm protzen würde, dann – ja dann wäre ich wohlgelitten, sonnte mich in Dianens und ihrer Ritter Gunst ...
Was ist das für eine Scheinmoral? Von welcher Heuchelei wird sie getragen?
Jetzt dringt wieder Hundelaut durch den Nebelwald. Er klingt nach Tax. Haargenau läutet die Brackade auf mich zu. Unwillkürlich ziehe ich die Hähne der mir geliehenen Flinte auf. Dann, am Rande der großen Dickung scheint der Laut auf der Stelle zu treten, greift vor und zurück. Ich tippe auf ein Reh. Irgendwo am Rande der Dickung geht es hin und her; fünfzehn Minuten vielleicht, dann entfernt sich der Laut wieder, geht schließlich im dumpfen Knall eines Flintenschusses unter. Aha!
Bald darauf kommt Oke, holt mich ab. Rolf hat vor Martins Tax einen Bock geschossen. Kurze Stümpfe hat dieser schon geschoben und unheimlich schwer erscheint er uns. Später, als wir ihn auf dem Hof unseres Gastgebers wiegen, zeigt die Waage 22 kg. Wir gehen zurück zur Hütte. Dort treffen nach und nach auch die anderen Jäger ein. Der Bock wird zur Kenntnis genommen, allzu große Beachtung erfährt er nicht. Das Erlebnis war die Arbeit der Hunde – ja, einfach der Jagdtag als solcher. Man ist zufrieden. Nachdem wir uns aufgewärmt, unseren heißen Kaffee getrunken und die Brote gegessen haben, verabschieden sich zwei unserer Gastgeber. Der kleine Rest will (wohl uns zuliebe) noch eine Brackade versuchen. Aber die Hunde sind jetzt müde, und früh spüren wir den Abend. Wir brechen schließlich ab.
Auf dem Hof unseres Gastgebers schlagen wir den Bock gleich aus der Decke. Die Schußwirkung der Schrote interessiert uns. Das Gros der auf 15 bis 20 m angetragenen Schrotgarbe sitzt auf und dicht hinter dem Blatt. Einzelne Schrote (3,5 mm) haben die Muskulatur samt Brustorgane durchschlagen und sitzen auf der Ausschußseite unmittelbar unter der Decke. Randschrote haben Ziemer, Keule und Hals getroffen und dort jeweils kräftige Blutergüsse hinterlassen. Alles in allem durfte man annehmen, daß ein Kugelschuß mit irgendeinem der gängigen Kaliber wenn nicht gerade sehr unglücklich geschossen worden wäre, das Wildpret auch nicht stärker, wahrscheinlich weniger entwertet hätte. Daheim, mit meiner altväterlichen 9,3 x 72 R, wäre die Zerstörung geringer gewesen. Wie, so fragten wir uns, hätte es im Reh ausgeschaut, wenn die Hauptgarbe statt auf dem muskulösen Blatt auf dem ›Bauch‹ gesessen hätte? Wahrscheinlich hätten wir die hintere Hälfte des Bockes getrost den Füchsen widmen dürfen. Andererseits habe ich mit Schweizer (und deutschen) Jägern gesprochen, die von einer Schonung des Wildpretes gerade beim Schrotschuß reden.

Wenn wir einen vielgestaltigen Wald nicht mehr als schön, seine Erhaltung nicht als zwingend erachten, können wir die Rehe auch gleich in der trostlosen Farm exekutieren, ganz im Sinne der Kastelfasanen ...

Wie mans nennen will

Die Grenzen der einzelnen Jagdarten sind oft fließend. Die gemeinschaftliche Ansitzjagd, bei der ein oder zwei Treiber das Wild anrühren, kann man als Ansitz- oder Drückjagd bezeichnen. Auch zwischen Stöbern und Brackieren sind die Grenzen fließend und verwischen gelegentlich. Die gleichzeitige Pirsch zweier Jäger, bei der sie sich das Wild wechselweise zudrücken oder selbst erlegen, je nach Situation, kann als Pirsch oder Drücken bezeichnet werden. Wenn ich mich am Morgen am Waldrand ansetze, weil ich weiß, daß zu bestimmter Zeit der Milchwagen durchs Feld fährt und die noch draußen weilenden Rehe ›roglig‹ macht und mir zudrückt, dann kann ich das als einen Zufall beim Frühansitz bezeichnen und es bleibt im Endeffekt doch dasselbe wie wenn ich mir die Rehe statt vom Milchwagen von einem unserer Holzhauer hätte zudrücken lassen. So habe ich auch für mich meine eigenen Strategien entwickelt, die eben zu meinem Revier passen, die dort funktionieren und die ich gleichermaßen sparsam wie regelmäßig anwende. Gehen wir's an:

Ich habe meine Rehe bis auf fünf geschossen. Aber beim Kollegen ist noch einiges mehr zu schießen und bis morgen vormittag muß er ein bestelltes Stück in der Kammer hängen haben. Bleibt uns beiden je ein Abend und ein Morgen für den Ansitz. Recht unsicher die Angelegenheit. Außerdem soll

ich heute abend bei mir selbst ansitzen; ich brauche nämlich auch noch ein Reh auf morgen. So ziehen wir halt nach dem Essen los. Es liegt etwas Schnee und ist kurz vor Weihnachten. Viel zu besprechen gibt es nicht. Ortskundig sind wir beide, und der Ablauf ist klar. Ein steiler Südhang, in dem die Rehe gerne sitzen, wo man bei Tag nicht ungesehen an sie rankommt und die Ansitzmöglichkeiten zudem rar sind. Der Kollege steht oben am Hang auf bewährtem Vorposten; lehnt sich an eine Fichte, schaut, raucht und schweigt. Ich marschiere langsam von vorne in den schweigenden Wald hinein; weit unter mir stöbert mein Dackel. Mit seinen kurzen Beinen ist er langsam. Brombeere, Bruchholz und der knöcheltiefe Schnee bremsen ihn zusätzlich. Außerdem weiß er genau, um was es geht. Ich bleibe stehen, lasse ihm Vorsprung. Ich sehe, wie er im Altholz unter mir lebhaft wird. Zwischen den wintergrünen Brombeerranken werden drei Rehe aus ihren Lagern hoch und entschwinden mit federnden Sprüngen und wippenden Spiegeln in der nahen Dickung. Der Dackel läutet hinter ihnen her. Das könnte recht werden!
Ich schaue, daß ich noch ein Stück vorkomme zur Dickung hin und beziehe Posten hinter einer Altfichte. Kaum stehe ich, sehe ich die Geiß zwischen den Fichten. Drunten läutet noch der Dackel. Ein paar Fluchten, und die Geiß steht frei heraußen auf dem gleichen Grasweg wie ich. Drinnen fiepen die Kitze. Man beratschlagt und versichert sich der Überlegenheit gegenüber dem Dackel. Auch die Geiß fiept und eines der Kitze zieht jetzt ebenfalls langsam heraus. Beide äugen hinunter, wo jetzt mühsam der Dackel heraufläutet. Es ist mir etwas zu weit für den angestrichenen Schuß, und ich baue darauf, daß die Rehe dem oben stehenden Kollegen kommen werden. Sie denken nicht daran. Bis auf Schrotschußentfernung lassen sie den Dackel drinnen in der Dickung heranläuten, dann, ehe ich reagieren kann, setzen sie sich in Bewegung. Nein, nicht den Hang hinauf – genau dorthin, wo eben noch der Dackel Laut gab, der jetzt auf den Weg herauskommt. Gerade will ich ihn abpfeifen – ja, das geht durchaus, wenn er etwas Praxis und Hirn hat –, aber da sehe ich die Geiß und beide Kitze weiter unten in der lückigen Dickung. Sie befinden sich schon auf dem Rückwechsel. Der schwere Bleibatzen aus dem altväterlichen Gewehr, gerade recht für solche Zwecke, fliegt hinunter und wirft das eine Kitz auf den Boden. Zögernd ziehen die beiden anderen weiter. Der Dackel, vom Schuß irritiert, kommt zu mir gelaufen. So wird auch das zweite Kitz von einer Kugel eingeholt.
Abschußzwang, Notmaßnahme – unwaidmännisch ...?
Wenn sie uns nicht so schaden würde, könnte man laut lachen über die Polemik, die von manchen Funktionären und ihren Gläubigen über diese Art zu jagen verbreitet wird. Es war ein wunderschöner Jagdtag; zwei Rehe liegen, beide in aller Ruhe und bei hellem Tag geschossen. So gut oder so schlecht ausgewählt wie vom Hochsitz aus. Gewiß nicht schlechter. Am Abend sitze ich wieder bei mir im Revier, denke auf dem frostigen Hochsitz

über den besinnlichen Nachmittag nach und schieße – wie fast immer im allerletzten Büchsenlicht – ›waidgerecht‹ ein Ansitzreh.

Persönlich mag ich Gesellschaftsjagden nicht so besonders und drücke mich nicht selten vor ihnen. Aber das soll keine allgemeine Wertung sein, sondern nur Ausdruck persönlicher Erfahrung und Geschmacks. Daher habe ich bisher die wenigen Male im Jahr auch immer ohne ›fremdes Personal‹ gedrückt. Trotzdem gibt es fast überall Revierteile, wo mehrere Schützen vorteilhaft wären. Und schließlich: Wenn ich das Revier beunruhige, soll diese Maßnahme möglichst auch erfolgreich sein und nicht ständig wiederholt werden müssen. Wir haben so einen Revierteil. Im Prinzip ein großer Altholzkomplex und dazwischen einige Dickungstreifen. Man weiß nie, wo die Rehe kommen. Man sieht sehr viel – meist wippende weiße Spiegel – und kann doch nur zufällig schießen. Bei der dritten Wiederholung wissen die Rehe Bescheid. Sie flüchten dann schon, während wir noch auf dem Anmarsch sind oder sie bleiben eisern in ihren Lagern sitzen. Unter solchen Umständen beginnt die Drückjagd, und sei sie noch so klein und diskret, störend zu wirken. Hier haben ihre Kritiker wohl recht. So bleibt halt in Zukunft nichts anderes übrig, als den Kreis der Schützen zu erweitern oder die Rehe in jenem Revierteil weiterhin vom Hochsitz aus zu erlegen.
Immer wieder wird behauptet, auf Drückjagden würde viel Wild krankgeschossen. Das mag sein. In erster Linie wohl dort, wo man das Wesen einer Drückjagd (einer ›Anrührjagd‹) verkennt und, statt mit möglichst wenig Störung möglichst große Strecke zu machen, gesellschaftliche Pflichten mit Hussa erledigen will. Motto: »Wir müssen nicht unbedingt schießen, Hauptsache frische Luft und Kameradschaft.« Wenn ich aber in meinen über viele Jahre peinlich geführten Schußlisten nachlese, dann muß ich feststellen, daß es Reviere gab, in denen ich ein Drittel allen von Gästen auf dem Ansitz beschossenen Schalenwildes nachsuchen mußte. Dieses Drittel wurde mit modernen Waffen, bester Optik und Munition von ruhigen, bequemen Hochsitzen aus beschossen ... Freilich waren darunter sehr viele absolut tödliche Schüsse – etwa Herzschüsse –, mit denen das Wild häufig noch ein kurzes Stück flüchtet. Aber es hatte auch nur in seltenen Fällen einen frischen, unverbrauchten Spurschnee, in dem man nachlesen konnte, wohin das Wild flüchtete – so wie bei den meisten meiner Drückjagden.
Man müßte, wenn man den Schuß auf gedrückte Rehe ablehnt, konsequenterweise, ja überhaupt den Schuß auf alles flüchtende Wild ablehnen. Auch jeden weiten Schuß zum Beispiel auf Gams, wo die Schwierigkeiten der Nachsuche geradezu vorprogrammiert sind, oder auf den ziehenden Brunfthirsch. Ja man müßte dann ehrlicherweise jeden Schuß auf Wild in der Paarungszeit ablehnen, weil dieses dann auch mit guten Schüssen oft viel weiter zieht als außerhalb der Paarungszeit mit relativ schlechten Schüssen. Die Rehe, die bei einer Drückjagd noch 100 Meter in die Dickung rumpeln, die findet der auf der Fährte

folgende Dackel ganz gewiß. Viel sicherer als das in der Dämmerung beschossene Reh, das ich erst am anderen Morgen suchen kann.
Ich habe es weiter oben schon einfließen lassen: Man sollte bei solchen Jagden ruhig ein recht *unmodernes Kaliber* führen. Schon die Tatsache, daß dabei meistens nicht vom Hochsitz geschossen wird, Wild sich zuweilen in der Flucht befindet und immer wieder für Momente von Zweigen oder Grashalmen verdeckt ist, häufig auch auf stehende Rehe in lückige Kulturen und Stangenhölzern mit ›durchwachsener Kugelbahn‹ geschossen wird. Dies rechtfertigt einen starken acht- oder neunmillimetrigen Batzen, der sich nicht so schnell ablenken läßt. Meist wird auf eher kürzere Distanz geschossen. Wer eine kombinierte Waffe führt, die das Flintenlaufgeschoß sauber versendet, ist bestens gerüstet. Da findet der Hund auch Schweiß und der Jäger erkennt noch das Zeichnen des Wildes.
Nein, die Drückjagd allein vermag das vielbeschworene Wald-Wild-Problem nicht zu lösen, und es wäre ein Unfug, sie zur Pflicht zu machen. Eine Hilfe kann sie jedoch durchaus sein. Das Problem selbst – wo es sich zeigt – kann nicht mit einer Methode, sondern nur mit dem Willen der Beteiligten gelöst werden!

Auf Rehe stöbern

In bayerischen Staatsrevieren entstand durch das vormalige Verbot der Drückjagd auf Rehwild eine Modifikation dieser Jagdart – die *Reh-Stöberjagd*. Beide unterscheiden sich eigentlich nur dadurch, daß die Stöberjagd gänzlich ohne menschliche Treiber stattfindet. Allenfalls geht bei sehr großem Jagdbogen ein Hundeführer mit. Er fungiert aber nicht als Treiber, sondern führt die Hunde gewissermaßen von Einsatzort zu Einsatzort.
Die oberste Landesjagdbehörde hatte seinerzeit die Rechtslage geprüft und die Reh-Stöberjagd für gesetzeskonform befunden. Die Durchführung ist einfach. Wie es funktioniert, hat mir in Ebrach Dr. Georg Sperber gezeigt.
In den großen Waldrevieren mit wenig offenen Flächen wird weiträumig abgestellt. Kleine Bögen umfassen eine Fläche zwischen 50 und 100 ha. Sie werden meist mit einem Dutzend Schützen umstellt, ein oder zwei kleine bis höchstens mittelgroße Hunde stöbern. Ganz große Bögen umspannen bis zu 500 (!) ha, wozu dann bis zu 25 Schützen notwendig sind. Es wird also in jedem Fall sehr weiträumig abgestellt. Dadurch wird die Gefährdung der Teilnehmer durch Kugelschüsse erheblich reduziert, und die Rehe kommen meist relativ langsam. Das erleichtert vielen Schützen das Schießen, überfordert aber auch manche, weil die Rehe nicht selten langsam und recht leise daherkommen, ohne daß ein Hund hinter ihnen ist und sie ankündigt. Plötzlich stehen sie vor dem Schützen, der mitunter nicht weiß, was tun. –
Natürlich kommen die Rehe zuweilen auch hochflüchtig, wobei aber niemand

gezwungen ist, auf solch flüchtige Rehe zu schießen. Die Kugel-Spezialisten kristallisieren sich schnell heraus und die Jagdleitung läßt entsprechend anstellen.
Das Stöbern stellt allerdings eine massive Beunruhigung in den Einständen dar, wie jede Waldtreibjagd. Daher wird in der Regel jeder Revierteil nur einmal jährlich durchgestöbert. Dabei werden nicht nur Rehe erlegt, sondern auch die übrigen vorkommenden Wildarten, soweit sie Jagdzeit haben. Es wird also nicht getrennt auf Rehe gestöbert und eine Woche später auf Sauen gedrückt oder auf Fuchs und Hase getrieben. Vor November wird auch nicht gestöbert. Erst muß das Laub von den Bäumen sein, damit in den teils unerhört großen Laubholzverjüngungen wenigstens minimale Sichtverhältnisse herrschen. Die durchschnittliche Strecke eines Nachmittags liegt dann so bei vier Rehen, und an der Gesamt-Rehstrecke des Forstamtes sind die gestöberten Rehe mit rund einem Drittel beteiligt.
Zu den größeren Bögen werden die angrenzenden Privat-, vor allem aber revierlose Jäger als Gäste eingeladen. Ganz im Gegensatz zu dem, was gelegentlich aus Funktionärsmund zu hören ist, beteiligen sich die Privatjäger gerne. Seit zehn Jahren kommt alljährlich die studentische Jagdverbindung Hubertia Köln, und die Damen von ›Avalon‹ pflegen hier ebenfalls gesellschaftliches Jagen. 1987 beteiligte sich erstmals auch der Orden vom silbernen Bruch an der Ebracher Reh-Stöberjagd.
Anfangs stand die Befürchtung, die *zum Rehstöbern verwendeten Hunde* würden – so wie dies auf einem Merkblatt des Landesjagdverbandes Bayern zum Ausdruck kam – für alle anderen Arbeiten unbrauchbar. Diese Befürchtung bestätigte sich nicht. Natürlich ist die Stöberarbeit an gesunden Rehen keine Angelegenheit für Hunde, die den Rest des Jahres jagdlich arbeitslos sind, und sicherlich eignet sich nicht jeder Hund für solch verführerische Arbeit. Dr. Sperber, selbst erfolgreicher Hundeführer, weist auch ausdrücklich darauf hin, daß zum Einjagen eines unerfahrenen Hundes möglichst große Stöberbögen besser sind als kleine Dickungen. Der Hund lernt dann rasch, daß es nur in den großen Komplexen für ihn interessant ist, und bricht ab, wenn er wesentlich über die Schützenlinie gerät. Sicherlich wäre es sinnvoll, einen Hund während seiner Einarbeitungsphase nur bei reinen Reh-Stöberjagden zu schnallen, bei denen andere Wildarten geschont werden. Etwa so, wie ein Saufinder nur an Sauen und eine Hasenbracke nur am Hasen eingearbeitet wird. Darauf verzichtet man in Ebrach, um die unvermeidliche Störung nicht noch durch eine Vielzahl von Jagden zu erhöhen.
Der Hund soll nicht ›hetzen‹; er soll ›stöbern‹. Probleme gibt es da immer wieder, wenn vermeintlich bestens eingearbeitete Gebrauchshunde erstmals mit solch ungewohnter Aufgabe konfrontiert werden. Sie verstehen sie leicht falsch, hängen sich hinter das erstbeste Reh und hetzen über den Horizont. Die meisten fremden Hunde scheiden damit aus. Man muß sich seine eigenen *Spezialisten* halten. Spezialist ist das Stichwort, um jenen zu entgegnen, die

den Rehstöberer für alle anderen Arbeiten verloren sehen: Warum auch nicht?! Wieviele Terriere werden *ausschließlich* für die Baujagd gehalten; wieviele Schweißhunde vegetieren mit fünf jährlichen Nachsuchen dahin. Warum also nicht ein Terrier, Dackel oder Spaniel, der *primär* und *forstamtsweit* für die Rehstöberjagden gehalten und eingesetzt wird?
Was die vielseitige Verwendbarkeit eines rehstöbernden Gebrauchshundes angeht, so darf ich aus der eigenen Praxis schöpfen:

> Allherbstlich lasse ich mir von meinem Wachtel die eine oder andere Dikkung durchdrücken – wenn man so will, durchstöbern. Gewiß, in den Folgewochen ist er etwas hitziger als sonst. Aber ich habe trotzdem nie eine Leine benötigt, wenn ich ihn im Revier dabeihabe und er beäugt die Rehe an der Fütterung ganz gelassen. Davon, daß er für andere Arbeiten nicht mehr brauchbar sei, habe ich noch nichts bemerkt. Allerdings – er verbummelt auch nicht 12 Monate des Jahres im Zwinger!

Eine ganz andere Frage ist die, ob man mit der Stöberjagd den Rehen ernstlich an die Decke rücken kann, ob die Jagd zur nachhaltigen Reduzierung taugt. Eine bindende Antwort vermochte mir auch Dr. Sperber nicht zu geben. Ich selbst glaube es nicht. Auch die, trotz des Willens zu einer nachhaltigen Reduktion, relativ niedrigen Abschußzahlen des Forstamtes Ebrach sprechen eher gegen eine solche Befürchtung. Dort werden – trotz des Rufes als radikales Ausrottungs-Forstamt – nur etwa 5 Rehe/100 ha im Jahresdurchschnitt geschossen – weniger als die Hälfte der baden-württemb. Landesforsten.

Schwerpunktabschuß

Verbiß läßt sich, wo Rehe leben, nie ganz vermeiden, und diese Rehe haben einen berechtigten Anspruch auf Nutzung des ihnen von der Evolution zugeteilten Lebensraumes. Das geht auch alles gut, so lange die Zahl der Rehe diesem Lebensraum angepaßt bleibt und wir Menschen etwas Toleranz zeigen. Allerdings verteilt der Lebensraum – das Revier – seine Gaben nicht gleichmäßig und auch die Rehe lassen sich nicht nach dem Gießkannenprinzip gleichmäßig über den zugedachten Lebensraum verteilen. Es kommt, ausgelöst vom Kleinklima (Sonne) und von der Verteilung und Struktur des Pflanzenwuchses, zu Schwerpunkten. Rehe bevorzugen bestimmte Plätze, Förster bevorzugen (für gewisse Baumarten) bestimmte Plätze. Daher sollten auch wir bestimmte Plätze bei der Jagdausübung bevorzugen – jene, an denen relativ viel Wild mit empfindlicher Forstkultur vereinigt ist.
In fast jedem Revier gibt es Ecken, die für begrenzte Zeiträume forstlich belanglos sind. Andere Ecken sind für ebenso begrenzte Zeit empfindlich. Hier müssen wir Jäger die Verantwortung und den Mut haben, unkonventionell zu

handeln – unseren Abschuß schwerpunktmäßig zu lagern. Es gibt einfach Fälle, wo der Spruch von jener berühmten letzten Rehgeiß zutrifft, die da den gleichen Schaden machen soll wie vor ihr ein ganzes Dutzend Rehe.
Stellen wir uns eine Kultur oder Verjüngungsfläche vor, auf der die alltägliche Fichte noch ganz gut durchkommt, nicht aber die 10% Beimischungen. Fichtenkulturen werden bei uns mit knapp 3500 Pflanzen je Hektar begründet. 10% Beimischung wären folglich 350 Pflanzen. Handelt es sich bei den Beimischungen um Laubhölzer und unterstellen wir pro Pflanze fünf Gramm Verbißmasse, so würden die Beimischungen eines ganzen Hektars Kulturfläche im Herbst und Winter maximal 8,75 kg Verbißmasse liefern. Diese Werte werden aber kaum erreicht. Unterstellen wir einem Reh während der Herbst- und Wintermonate die tägliche Selektion von 0,5 kg Laubholzmasse, so müssen diesem Reh mehr als fünf Hektar Kulturfläche – nicht Waldfläche (!) – zur Verfügung stehen, damit es seine Bedürfnisse auch nur 90 Tage lang auf dieser befriedigen kann. Bedenkt man, daß ein wesentlicher Teil der Kulturen ohne solche Laubholzbeimischungen begründet wird, so kommen ganz andere Zahlen heraus.
Da man den totalen Verbiß wohl kaum zugestehen wird, allenfalls auch beim Laubholz 20% verbissene Pflanzen duldet (und verkraften kann), dürfte die Rehwilddichte, will man auf Zaun und Naturverjüngung verzichten, nur etwa 0,2 (!) Stück je 100 ha betragen. Ein Ziel, das weder vertretbar noch durchführbar ist. Weniger als 5 Rehe/100 ha sind, allen traditionellen Zahlenspielen zum Trotz, in großen Waldrevieren nicht mehr erfaßbar, und was darunter liegt, allenfalls noch per Zufall erbeutbar. Hier hilft nur der Schwerpunktabschuß. Wild dort in Ruhe lassen, wo es nur unbedeutende Schäden stiften kann, und dort massiv und ›ohne Ansehen der Person‹ erlegen, wo es die Situation erfordert. Damit werden nicht nur empfindliche Standorte entlastet, sondern auch großflächige jagdliche Ruhezonen geschaffen.
Es gibt zwei Wege der Schwerpunktbildung, die gleichermaßen gangbar sind:

1. Man geht punktuell vor, das heißt, man tätigt den Abschuß auf einer Reihe besonders gefährdeter Flächen, wobei diese Schwerpunkte über Jahre hinweg dieselben bleiben.
2. Man verlegt den Abschuß im Turnus der Jahre schwerpunktartig auf gefährdete Flächen. Das heißt, man teilt ihn auf wenige größere Bereiche auf, unter Vernachlässigung anderer, vielleicht ebenfalls schutzbedürftiger Flächen, um im nächsten Jahr neue Schwerpunkte zu bilden. Wofür man sich entscheidet, hängt von der Größe und Struktur des Waldes, aber auch von der Abschußhöhe ab.

Für unsere Verhältnisse erscheint mir die zweite Variante die bessere. Folglich bilde ich jährlich etwa zwei größere Schwerpunkte, in denen ich 50 bis 75% des Abschusses (Böcke nicht mitgerechnet) erfülle. Der Rest wird nach den üblichen Kriterien getätigt. Durch die Bildung von Bejagungsschwerpunkten

wird erreicht, daß den dadurch begünstigten Kulturen und/oder Verjüngungen zumindest ein großer Jahresschub gelingt. Einmal, weil sie bei frühzeitigem Abschuß dem ›Herbstschnitt‹ entgehen und damit im Frühjahr ein unversehrter Terminaltrieb zur Verfügung steht; zweitens, weil natürlich auch im folgenden Sommer der Verbißdruck noch relativ gering ist. Das ermöglicht den unverbissenen Pflanzen Zuwächse, die bis zu 300% über jenen nach vorausgegangenem Herbst- und Frühsommerverbiß liegen.
Bei der Tanne werden vielerorts über 90% der Sämlinge im ersten Jahr totgebissen. Die stärkeren Tännchen hätten aber bereits nach zwei Jahren die Chance geringen Verbiß zu überstehen. Eine Verschnaufpause kann für sie lebensrettend sein.
Wirksamer Schwerpunktabschuß hängt aber auch von der Art forstlicher Bewirtschaftung ab. In Wäldern mit kleinparzelliger Besitzstruktur wird man sich immer schwertun. Zu klein, zu zersplittert sind dort oft die Verjüngungsflächen. Überhaupt kommt es auf die Abstimmung mit der forstlichen Planung an. *Forstlich stellen sich folgende Fragen:*

1. Welche Flächen sind wenig gefährdet:
   a) Infolge der Altersklassenstruktur,
   b) weil ohnehin nur die Hauptbaumart nachfolgen soll,
   c) weil es den Umständen entsprechend nur mit Zaunschutz geht?
2. Welche Flächen kommen zur Einleitung der Naturverjüngung mit gezielter Beimischung überhaupt in Betracht?
   a) Welche dieser Flächen liegen benachbart und bilden einen Komplex?
   b) Bei welchen von ihnen ergibt sich durch folgende Saumnutzung langfristig die Notwendigkeit einer Wildreduktion?
   c) Welche dieser Flächen sind so klein oder isoliert, daß ein Schwerpunktabschuß nicht wirksam wäre?

Überträgt man die Antworten – hauptsächlich nur die auf Frage 2 a – auf die Revierkarte, so wird die Sache schon etwas deutlicher; es zeichnen sich Schwerpunkte ab. Erfahrungsgemäß läßt sich unter 20 ha nur sehr selten eine Wirkung erzielen. Das ist etwa die Flächengröße, aus der heraus vorhandene Rehe sofort wieder in eine freigewordene Äsungsnische nachziehen.
Wie das in der Praxis aussieht, sei kurz geschildert:
Im hinteren Teil unseres Gießwaldes liegen – eng beieinander – mehrere Verjüngungsflächen, weitere Altholzreserven stehen noch zur Ernte an. Auch die Fichte wird stark verbissen, während in anderen Revierteilen Tanne und Buche ohne Schutz kommen. Also schoß ich im Zentrum dieser Verjüngungsflächen von zwei Hochsitzen aus im letzten Jahr nicht weniger als 13 Rehe. Das sind 43% des Gesamtabschusses. Damit habe ich nicht nur der Waldverjüngung geholfen; es gab dadurch auch Bereiche, in denen die Rehe das ganze Jahr völlig unbehelligt blieben. Ausgerottet habe ich die Rehe dort hinten nicht. Nach vollzogenem Abschuß wurden am Kraftfutterautomat innerhalb 12 Tage noch 300 kg Futter aufgenommen...

Jagen nach dem Rehkalender

Sehr detaillierte und brauchbare Hinweise zur effizienten, den Zeitaufwand und Jagddruck senkenden Rehwildbejagung gibt uns Müller (1979). Unter Verwendung der von Ellenberg in Stammham erstellten Beobachtbarkeits- und Äsungsaktivitätskurve (siehe Seite 59) analysierte er den Einfluß von Tageszeit, Wetter und Mondphase auf die Aktivität bzw. Bejagbarkeit der Rehe. Die wichtigsten, in größeren Waldrevieren gewonnenen Daten und Erkenntnisse seiner Arbeit seien nachstehend aufgeführt:
Müllers Gedanke ist es zu versuchen, »den für ›Otto Normaljäger‹ verfügbaren Zeitaufwand rationell zu nutzen, das heißt, ... die Bejagung gezielt auf die jahres- und tageszeitlichen sowie witterungsbedingt unterschiedlichen Verhaltensweisen der Rehe« abzustellen. Es geht ihm darum, Perioden hoher Aktivität gezielt zur Bejagung zu nutzen. Mit anderen Worten: Nehmen die Äsungsaktivitäten der Rehe zu, müssen sie zwangsweise mehr ziehen, sind häufiger sichtbar und natürlich auch bejagbar.

Ergebnisse:
- Allgemein:
  Das Rehwild ist ganzjährig in der Dämmerung und bei Nacht am aktivsten.
- Sommerrhythmus:
  Nur von Mai bis August mit Schwerpunkt Mai bis Juni treten bemerkenswert hohe Äsungsaktivitäten bis in den Vormittag auf.
- Winterrhythmus:
  Ab September gehen die Hauptaktivitäten auf die Dämmerungs- und Nachtzeit zurück. »Die Rehe haben die Schußzeit im Kopf!« Zur Feistzeit im November und teilweise Dezember ist um die Mittagszeit ein jagdlich bedeutendes Äsungsaktivitätsmaximum mit einem zusätzlich kleinen Gipfel am frühen Nachmittag erkennbar.

Müller teilt die Rehjagd in vier jahreszeitliche Schwerpunkte mit jeweils spezifischer Zielsetzung ein:

Mai/Juni – Grundsätze:
- Konzentration auf Jährlinge und Schmalrehe.
- Jährlinge und Schmalrehe im Zweifelsfalle immer schießen.
- Erwachsene Böcke im Zweifelsfalle immer laufen lassen.
- Nach Knopfbock-Ecken = Ausweichplätze für 1jährige Nomaden suchen.
- Markierte Einstände meiden = territorialer Bock!
- Minisprünge (2-4) Rehe) beachten = i.d.R. 1jährige Rehe!
- Bei Kälte, Wind plus Regen am Schreibtisch ausruhen.

Jährlinge und Schmalrehe sind während der gesamten Schußzeit nie mehr so häufig sichtbar wie in den ersten vier Wochen bis Mitte Juni und vor allem nie mehr so einfach anzusprechen, da praktisch bei vollem Tageslicht gejagt wird. Die gezielte Bejagung bestätigter territorialer Böcke ist reine ›Zeitvergeudung‹. Diese Böcke nur ›mitnehmen‹.

Kurt meint hierzu noch, daß im Mai »nach dunklen Nächten Rehe häufiger während der Vormittagsstunden zur Äsung austreten als während der Vollmondphsen, in denen sie anscheinend vermehrt nachts auf Nahrungssuche gehen.« Die Beobachtung, daß Rehe bei zunehmendem oder bei Vollmond abends erst sehr spät ziehen und in der Frühe schon zeitigst einwechseln, kann ich nur bestätigen. Gerade die Zeit vom Zunehmen bis zur Völle des Mondes sind häufig auch Gut-Wetter-Phasen, also Tage, an denen zwar besonders intensiv, aber auch mit wenig Erfolg gejagt wird.

Kalchreuther, Träger des DJV-Preises für Öffentlichkeitsarbeit 1978 inzwischen Direktor des European Wildlife Research Institut (EWI) und laut einer DJV-Pressemeldung wissenschaftlicher Berater des DJV, der Landesjagdverbände, FACE und des CIC drückt es so aus:

»Es gilt, jedes Kitz oder Schmalreh zu erlegen, um den Wildbestand einigermaßen in den Griff zu bekommen. *Jedes!* Dann sind nämlich immer noch mehr als genug übrig. Denn im Schnitt sieht man nur die Hälfte der vorhandenen und die sind dann noch längst nicht alle erlegt.«

Juli/August – Grundsätze:

- *Familienwiedergutmachung* – daheim bleiben
- Nachlese bei Jährlingen und erwachsenen Böcken
- Ende August sich nach Geißen und Kitzen umsehen
- Bis Ende Juni sollte der Bock-Abschuß nach Müller etwa zu 80 Prozent erfüllt sein.

Kurz vor der Brunft sind (die dann noch lebenden) Jährlinge wieder besser zu sehen, da die *territorialen* Böcke nur wenig aktiv sind.
Die Blattzeit hat für die *Gesamt*strecke meist keine große Bedeutung.

September/Oktober – Grundsätze:

- *Sofort* mit Aufgang der Schußzeit mit Geißen und Kitzen beginnen
- Ziel bis Ende Oktober: 65 Prozent Abschußerfüllung bei Geißen, Schmalrehen und Kitzen

Während des Haarwechsels sind Rehe wetterempfindlich. Warmes, sonniges und ruhiges Herbstwetter *fördert* die Rehwildaktivität. Kühles, regnerisches und dabei windiges Wetter *drosselt* gerade während des Haarwechsels die Aktivität und verschiebt sie für die Jahreszeit ungewohnt früh in die späten Dämmerstunden.
Mit abnehmendem Tageslicht ziehen die Rehe immer später und die übliche Rehflaute wird spätestens Mitte Oktober eintreten. Eine Ausnahme bilden windstille Hochnebeltage mit überdurchschnittlich langer Dämmerungsphase.

November/Dezember – Grundsätze:

- Konsequente Abschußerfüllung durch Zahlabschuß
- Gezielt nach Rehwetter jagen: Frost – Schnee – Sonne!

Rehflaute dauert je nach Witterung bis Mitte November. Erste Nachtfröste, vor allem erster Schneefall versprechen Jagderfolg. Kitze kennen noch keinen Schnee! Rehe ziehen abends spät, bummeln aber morgens – vor allem nach Frost und Schnee – lange ›unschlüssig‹ umeinander. Windgeschützte, sonnige Äsungsplätze sind auch über Mittag attraktiv.

Aktivitätszyklus im Jahreslauf.

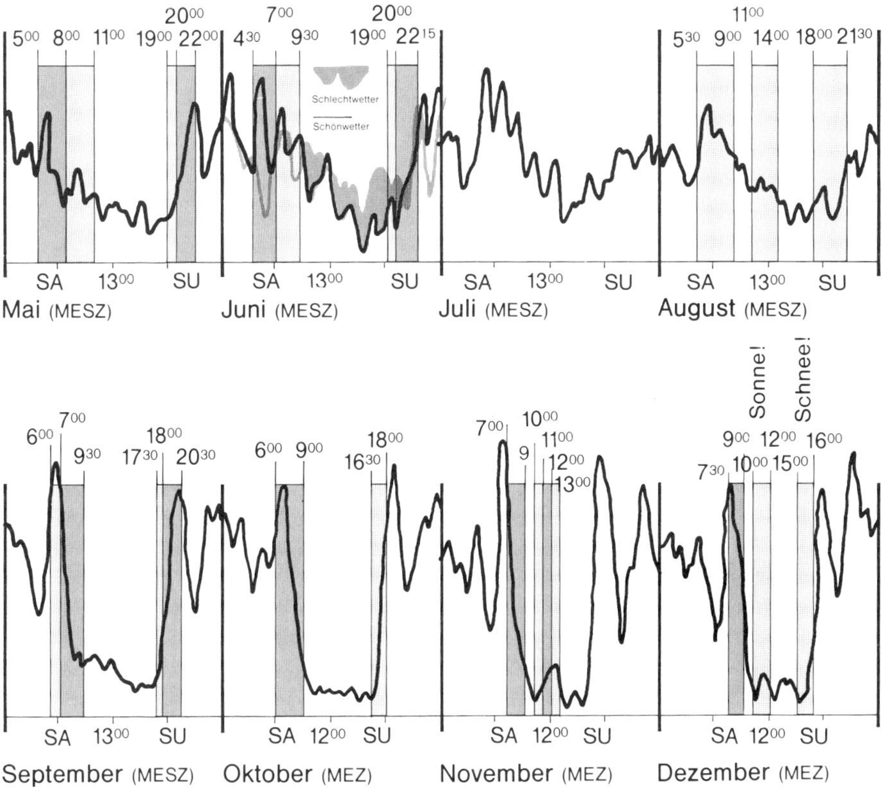

[Grafik nach W.-E. Müller]

günstige Jagdzeit

sehr günstige Jagdzeit

Schäden und Toleranzen

Sichtbare und unsichtbare Schäden

Es ist schon geradezu pervers: Bei der gegenwärtigen, meist jeder Sachkenntnis entblößten Jagdfeindlichkeit sind ausgerechnet die Wildschäden der einzige Garant dafür, daß man uns das Schalenwild noch bejagen läßt. Gleichzeitig laufen wir aber Gefahr, bei der teils echten, teils künstlich aufgebauschten Dramatik der durch Schalenwild entstehenden Schäden das jagdliche Selbstbestimmungsrecht zu verlieren.

Das Rehwild verursacht eigentlich nur zwei Arten von Schäden: Fege- und Verbißschäden.

Fegeschäden entstehen im zeitigen Frühjahr, wenn die Böcke den Bast von den fertigen Geweihen fegen, aber auch noch in der Folgezeit, etwa bis in die Brunft hinein, wenn die Böcke versuchen, ihre in den Stirnlocken verborgenen Duftdrüsen zu entleeren, um Duftmarken zu setzen oder wenn sie aus Aggression und Imponiergehabe mit den Geweihen schlagen. Fegeschäden an Wirtschaftsholzarten entstehen zwangsweise, wenn andere geeignete Hölzer wie Holunder, Vogelbeere, Aspe oder Weiden fehlen. Deren Vorhandensein bedeutet allerdings auch keine Garantie für eine Minderung, geschweige denn Verhinderung von Fege- bzw. Schlagschäden an den Wirtschaftshölzern. Besonders gefährdet sind: Lärche, Douglasie, Strobe, Esche, Ahorn und Linde. Daneben aber auch die meisten anderen Holzarten. Fegeschäden der Rehböcke sind kaum mit anderen Schäden zu verwechseln.

Verbißschäden sind meist umfangreicher und auch gar nicht immer so leicht zu erkennen. Zu unterscheiden ist zwischen Seitentrieb- und Leittriebverbiß und dem weitgehend totalen Abäsen ganzer Pflanzen im jüngsten Stadium.

Seitentriebverbiß alleine ist nicht dramatisch, solange er sich unter 30% hält. Der Verbiß der Leit- bzw. Terminaltriebe ist immer schwerwiegender. Wohl aber wird ein ein- oder zweimaliger Leittriebverbiß relativ gut verkraftet. Die Pflanzen holen den Zuwachs in den darauffolgenden Jahren meist wieder ein. Wirklich schlimm ist der Totalverbiß der Keimlinge und Einjährigen, also der Pflanzen unter 20 cm. Schlimm deshalb, weil man ihn häufig ohne Hilfsmittel (Kontrollzäune) überhaupt nicht feststellen kann. Es ist einfach nichts vorhanden. Fehlende Naturverjüngung muß aber nicht unbedingt im Rehpansen verschwunden sein. Waldbauliche Fehler, fehlende Vorlichtung, mangelnde Samenbildung der Altbäume, geringe Keimfähigkeit der Samen, Vergrasung, frostgefährdeter Standort, Nässe, Trockenheit, Schwarzwild, Hasen, Mäuse und Insekten können in vielfältiger Kombination die Naturverjüngung verhindern. Will man objektiv prüfen, welchen Anteil die Rehe (und/oder andere

Die Bodenvegetation sagt noch mehr als die angeflogenen Baumarten: Im Zaun Heidelbeere, außen nur noch *Calamagrostis*. Hier beginnt »Hege« zur Tierquälerei zu werden. Es ist eine Schizophrenie, wenn wir Jäger die »Forstpartie« de fakto zur Zäunung zwingen, und damit den ohnehin hungernden Rehen noch mehr Lebensraum nehmen – statt sie nachhaltig jagdlich zu nutzen!

Wiederkäuer) für sich vereinnahmt haben, kommt man um kleine Kontrollzäune nicht herum. Am besten solche in der Größe von 12 x 12 m, für die eine Drahtrolle gerade ausreicht.
Solche Kontrollzäune sind vielen Jägern ein Dorn im Auge. Ich glaube jedoch, wir sollten froh über sie sein, denn sie vermögen uns Aufschluß über unsere Rehe zu geben, weit über den Wildschaden hinaus.

Was zählt – die Notwendigen oder der Überschuß?

Die Landesforstverwaltungen gehen immer mehr dazu über, den Zustand der Waldverjüngung mittels Stichprobenerhebungen festzustellen und die Ergebnisse als Entscheidungshilfe für die Abschußpläne anzubieten. Hier seien nur zwei Verfahren etwas näher erläutert. Beide scheinen mir unkompliziert und für den Nichtforstmann nachvollziehbar: In Baden-Württemberg gibt es das ›Forstliche Gutachten zum Abschußplan‹. In ihm wird der Verbiß der Hauptbaumarten erfaßt. In Tirol bedient man sich des ›Trakt-Verfahrens‹, bei dem nicht die verbissenen, sondern die unverbissenen Hauptholzarten erfaßt werden.
Zunächst zum *forstlichen Gutachten*. Die staatlichen Forstbehörden nehmen *alle* Verjüngungsflächen auf. Ausgenommen sind nur die privaten Eigenjagdre-

Nicht immer sind die Rehe schuld, wenn Tanne oder Buche ausbleiben. Einzelschutz, Kleinzäune oder umzäunte Weiserflächen können auch dem Jäger als Kronzeugen dienen.

viere. Erfaßt wird der Verbiß jedoch nur an den im Revier vorkommenden *Haupt*baumarten. Sie müssen mit mindestens fünf Prozent auf der ganzen Revierfläche vertreten sein. Ermittelt wird der Verbiß an den ungeschützten Leittrieben. Dabei gelten 0 bis 20% als geringer Verbiß; 21 bis 50% als mittlerer Verbiß; über 50% als starker Verbiß. Bei starkem Verbiß drängt die Forstverwaltung auf eine mindestens 10%ige Erhöhung des Abschusses. Das forstliche Gutachten geht vor der Abschußplanbesprechung den einzelnen Jagdausübungsberechtigten zur Stellungnahme zu. Auf Wunsch erfolgt ein nochmaliger, gemeinsamer Begang. Dieses Verfahren schafft Vertrauen.
Ganz hervorragend klappt die Erstellung von Gutachten und Abschußplänen im Bereich des Forstamtes Ravensburg (Oberschwaben) bei Forstdirektor Dr. Bosch und seinem Revierleiter Kienle. Letzterer nimmt den Verbiß gleich gemeinsam mit dem jeweiligen Jagdausübungsberechtigten auf. So wird jedes Mißverständnis, jede Anzweiflung gleich im Voraus ausgeschlossen. An Ort und Stelle unterhält man sich dann auch über den Abschußplan. Meist gehen die Beteiligten in Eintracht auseinander.
Über das Tiroler *Trakt-Verfahren* berichtete Landesforstdirektor Dr. Scheiring anläßlich des Symposiums Wildtier und Umwelt 1987 in Wien. Nachdem in Tirol die Hälfte der Verjüngungsflächen mehr oder weniger starken Wildverbiß

aufweisen, zieht man dort über Weiserflächen revierbezogene Daten, die auch die bisherigen Angaben zur Höchstwilddichte in den Abschußplänen überflüssig machen sollen. Scheiring »Wir zählen nicht den Schaden, sondern das, was an Verjüngung noch vorhanden ist.« Die Erhebungen erfolgen auf festverpflockten Flächen im Turnus von zwei, drei oder fünf Jahren und unterteilen in vier Höhenstufen: Im Bereich von 10 bis 30 cm wird nur ein kurzes Protokoll verfaßt mit den Aussagemöglichkeiten: viel, wenig, nichts. In den Bereichen 30 bis 60 cm, 61 bis 100 cm und über 100 cm wird gezählt, was an brauchbaren Pflanzen vorhanden ist, wobei der Sollzustand nach Zahl und Baumarten festgelegt wird.

Was kosten die Rehe?

Eine provokative Frage. Natürlich leben die Rehe nicht nur im, sondern auch *vom* Wald; daß sie verbeißen, ist ihr ›Recht‹. Rehe verbeißen mit dem gleichen gott- oder evolutionsgewollten Zwang Fichte und Eiche, wie Wolf und Luchs einst die Rehe selbst ›verbissen‹ haben.

Es ist daher falsch, unlogisch und im höchsten Grade anmaßend, jeden Verbiß grundsätzlich als Schaden zu deklarieren. Von extrem wenigen Radikalisten abgesehen, sieht das wohl auch die Forstverwaltung so, zumindest die Baden-Württembergs. In einem Runderlaß der Forstdirektion Tübingen vom Januar 1983 heißt es: »Eine Schadenserfassung sollte nur dann durchgeführt werden, wenn mehr als 10% der Pflanzen geschädigt sind. Unter dieser Zahl erübrigt sich im allgemeinen eine Schadensberechnung.«

Nachstehend sei kurz auf die Richtlinien der baden-württembergischen Landesforstverwaltung zur Erfassung und Bewertung von Fege- und Verbißschäden eingegangen. In der Tendenz verfahren die Forstverwaltungen der übrigen Bundesländer ähnlich. Dabei muß zwischen Schäden an Pflanzungen und solchen an Naturverjüngungen unterschieden werden.

Flächenhafte Schäden können durch Schätzung, Stichproben- oder Vollaufnahme erfaßt werden. In Zweifelsfällen kommen jedoch nur die beiden letztgenannten Verfahren in Betracht. Ab einer Flächengröße von 0,2 ha wird eine Stichprobenaufnahme in jeweils 25 m^2 großen Probeflächen (Quadrat 5 x 5 m oder Kreis mit Radius 2,82 m) empfohlen, die jeweils gleichmäßig über die gesamte Kulturfläche verteilt werden. Weniger als zehn Probeflächen sollten es nicht sein.

Totalausfälle müssen eindeutig auf Verbiß- oder Fegeschäden zurückzuführen sein. Sonstige Ausfälle (z. B. Käfer, Trocknisschäden usw.) werden in die Schadensklasse 0 eingeordnet.

Bei Schadensermittlung in Naturverjüngungen muß grundsätzlich erst einmal festgestellt werden, ob die Naturverjüngung überhaupt erwünscht ist. Schäden an zu früher Naturverjüngung, etwa in aufgelichteten Durchforstungsbestän-

Wo es auf nahezu allen Kulturflächen so ausschaut, hilft nur noch radikale Abschußpolitik über einige Jahre hinweg. Alles andere ist Augenwischerei. In solchen Revieren entscheidet einzig die Jagd darüber, wie der Wald in 100 Jahren aussieht – und ob wir noch jagen werden! (StJR Kempter-Wald 1975)

den, werden nicht erfaßt. Das Ausbleiben von Naturverjüngung muß auch eindeutig auf Wildschäden zurückzuführen sein. Der Nachweis hierüber wird mit Hilfe von Vergleichszäunen geführt, die auf den zur Verjüngung anstehenden Flächen angelegt werden. Wird eine unbestockte Fläche wegen fehlender Naturverjüngung aufgeforstet, können die kompletten Kulturkosten als Schaden in Rechnung gestellt werden! Anhand der nachstehenden Auflistung kann sich jeder Jäger ein Bild machen, welche Forderungen speziell auf ihn zukommen können.
Je nach Art und Intensität des Verbisses werden die geschädigten Pflanzen in die nachfolgend aufgeführten Schädigungsklassen eingeteilt:

Nadelholz

Kl. 0 Kein Verbiß oder weniger als 30% Seitentriebe verbissen
Kl. 1 Leittrieb noch vorhanden und 30 bis 50% der Seitentriebe verbissen.
Kl. 2 Leittrieb vorhanden, aber mehr als 50% der Seitentriebe verbissen, oder Leittrieb nicht mehr vorhanden, aber weniger als 50% der Seitentriebe verbissen.
Kl. 3 Leittrieb fehlt und mehr als 50% der Seitentriebe verbissen.
Kl. 4 Totalausfall.

Laubholz

Kl. 0 Kein Verbiß oder weniger als 50% der Seitentriebe verbissen.
Kl. 3 Mehr als 50% der Triebe verbissen.
Kl. 4 Totalausfall.

Wertsteigerung in den ersten fünf Jahren nach Kulturbegründung (pro ha)

1. Durchschnittliche Pflanzenkosten

	Listenpreis	inkl. 14% MWST	gerundeter Preis
Fichte	0,50	0,57	0,55
Tanne	0,90	1,03	1,05
Buche	1,10	1,25	1,25
Eiche	1,30	1,43	1,45

2. *Pflanzkosten* pro Stück durchschnittlich 0,65 DM

3. Kulturkosten pro Hektar

Fichte	5000 St.	× 1,20 DM	=	6000,– DM
Tanne	5000 St.	× 1,70 DM	=	8500,– DM
Buche	10000 St.	× 1,90 DM	=	19000,– DM
Eiche	5000 St.	× 2,15 DM	=	10750,– DM
Esche	5000 St.	× 2,10 DM	=	10500,– DM

4. Berechnung des Wertanstieges in den ersten fünf Jahren in DM/ha

	Fichte	Tanne	Buche	Eiche	Esche/Ahorn
Kulturbegründung	6000	8500	19000	10750	10500
5 Jahre Verzinsung 4%	1200	1700	3800	2150	2100
3 Jahre Kultursicherung	1800	1800	1800	1800	1800
Wert nach 5 Jahren	9000	12000	24600	14700	14400
Wertanstieg pro Jahr	600	700	1120	790	780
jährl. Wertanstieg pro Pflanze	0,12	0,14	0,11	0,16	0,16

5. Wertverlust in den Verbißklassen pro Pflanze/Jahr in DM

Schadstufe:	0	1	2	3	4*
Fichte	–	0,06	0,09	0,12	1,20
Tanne	–	0,07	0,11	0,14	1,70
Buche	–	–	–	0,11	1,90
Eiche	–	–	–	0,16	2,15
Esche/Ahorn	–	–	–	0,16	2,10
Zuwachsverlust	–	50%	75%	100%	Kostenersatz

* Bei Totalausfall muß noch eine jährliche Wertsteigerung für den Zeitraum seit der Kulturbegründung für Nadelholz von 10% und für Laubholz von 8% hinzugerechnet werden.

Der Terminaltrieb dieses wüchsigen Ahorns wird bei Schnee von den Rehen noch erreicht. Die ganze Pflanze bringt zwei Gramm (!) Knospenäsung.

Es ist wohl nicht vermessen anzunehmen, daß bei strikter Durchsetzung aller berechtigten Forderungen seitens der Waldbesitzer nicht wenige Jäger von heute auf morgen ihre Reviere aufgeben müßten. Man stelle sich vor, welche Kosten entstehen können, wenn in einem 500 ha großen Waldrevier die infolge des Rehwildverbisses ausbleibende Naturverjüngung durch Pflanzung ersetzt wird (wie es heute noch in der Mehrzahl der Pachtreviere der Fall ist!) und die anfallenden Kosten dem Jagdausübungsberechtigten in Rechnung gestellt werden. Das wäre für viele selbstsichere ›Reh-Heger‹ der direkte Weg zum Offenbarungseid! Es ist doch wohl aber mehr als naiv zu glauben, wir könnten uns bei der gegenwärtigen und wohl noch lange anhaltenden kritisch aufgeklärten Haltung gegenüber den speziell jagdlichen Belangen ungestraft über die Interessen unserer ›Geschäftspartner‹ hinwegsetzen.

Gefegt werden bevorzugt Minderheiten.

Abb. unten:
Auf besonders ruhigen und sonnigen Flächen kommt es immer wieder zu Konzentrationen des Rehwildes – und Verbißschäden! Vom Großwaldbesitzer werden solche Konzentrationen eher toleriert, weil gleichzeitig umliegende Flächen entlastet werden. Für bäuerliche Waldbesitzer sind sie schmerzlich. Auf dem Bild ist eine Fichtenkultur (6jährig, Südwesthang) zu sehen. Trotz Abschuß von 20 Rehen/100 ha Wald und trotz einer überreichen Fülle an Brombeere, Himbeere, Holunder, Esche, Heckenkirsche, Pulverholz und Salweide werden an der Fichte zu ca. 50% die Mai-Leittriebe verbissen (Fürstl. Forstverwaltung Siggen, Abt. 1).
– Die Lösung wäre ein Wald ohne jegliches Rehwild!

Nicht nur Rehe ›fressen‹ die Naturverjüngung

Nicht immer trifft die Rehe die Schuld, wenn eine Naturverjüngung ausbleibt. In Schwarzwildgebieten nehmen die Sauen zuweilen weit mehr Bucheckern und Eicheln auf als die Rehe je Keimlinge äsen. Da wird die positive Wirkung der

Sauen durch Bodenlockerung – sozusagen Vorbereitung des Saatbeetes – und Vertilgung allerlei Schädlinge des Aufschlages schnell ins Gegenteil verkehrt. Für die Rechtslage (die Schadenersatzpflicht) ist es jedoch ohne Belang, ob die Buchenkeimlinge von den Rehen abgeäst oder die Bucheckern zuvor schon von den Sauen aufgenommen wurden.
Sowohl Buchen als auch Eichen tragen nur in mehrjährigen Abständen Mast und auch da nicht immer in gleicher Intensität. In derartigen Mastjahren fallen zuweilen invasionsartig riesige Schwärme von Buch- und Bergfinken ein, verweilen wochenlang in besonders masthaltigen Waldabteilungen und nehmen die Buchenmast systematisch auf. Ist das der Fall, sollten wir den Waldbesitzer umgehend darauf aufmerksam machen. Auch Ringeltauben ›überfallen‹ im Herbst masttragende Wälder. Sie äsen überdies im Frühjahr auch die jungen Buchenkeimlinge. Hinzu kommen die Mäuse. Langschwanzmäuse fressen mit Vorliebe ebenfalls die Buchenkeimlinge, und die Schermaus nagt die Wurzeln ab. So kann die Verjüngung auch nach einem guten Mastjahr lokal ausfallen oder unbefriedigend sein. In solchem Falle wird der kleine Kontrollzaun zum Kronzeugen des Jägers. Anders ist die ›Unschuld‹ der Rehe kaum zu beweisen.
Zuweilen summieren sich die Schäden und werden pauschal dem Wild zugeschrieben, etwa wenn die jungen Fichtenpflanzen zwar verbissen sind, letztlich aber durch den Rüsselkäfer sterben. Da hilft dem Jäger etwas forstliche Kenntnis mehr, als das allgemein verbreitete know-how über Ballistik und Geländewagen ...

Wenig kann gesund sein

Richtig dosiert, kann Verbiß einer Pflanze durchaus auch dienen, zumindest muß er sie nicht nachhaltig schädigen. Heute werden Kulturen mit etwa 3300 Pflanzen je Hektar begründet, je nach Holzart auch mehr. Da sind 30% Terminaltriebverbiß schon eine schlimme Sache. Vor allem weil bei einer so hohen Verbißbelastung auch die Wiederholung gewährleistet ist. Die Natur selbst arbeitet da viel großzügiger. Bis zu 300 000 Pflanzen je Hektar drängen da zuweilen ans Licht, und die allermeisten überleben die erste Altersklasse nicht. Mäßiger Verbiß stört in solcher Fülle nicht, ja er kann sogar den rasch vorwachsenden Verjüngungsmitgliedern dienlich sein. Das eigentliche Problem liegt im Mischungsverhältnis. Die Rehe äsen halt nicht nach forstlichen Gesichtspunkten, sondern stürzen sich vorwiegend auf die Minderheiten. Zwischen der üppigen Fichte wird dann die Buche herausselektiert, zwischen der üppigen Buche die rarere Eiche usw. So ein wenig ist das aber doch wie mit den jungen Ziersträuchern und Obstbäumen in unserem Hausgarten: Wir schneiden sie anfangs immer wieder sorgsam zurück, um ihr Wurzel- und Zweigwachstum anzuregen! ... Gerade in Gegenden, die als typische Naßschneezonen gelten, sind Ahorne und Eschen, die einige Male ›schonend‹

vom Wild ›beschnitten‹ wurden, stabiler als ihre ohne jeden Verbiß hinterm Zaun aufgewachsenen Artgenossen. Man sehe sich die Bäume im Hochgebirge an. Je langsamer ihr Höhenwachstum verläuft, um so stabiler sind sie, um so mehr trotzen sie dem schiebenden und drückenden Schnee.

Hauptbaumarten müssen nicht geschützt werden!

Es gibt immer noch Jäger, die der Meinung sind, der Waldbesitzer müsse Hauptbaumarten gegen Wildverbiß schützen, anderenfalls bestehe kein Anspruch auf Schadenersatz. Das stimmt nicht! Grundsätzlich kann der Waldbesitzer davon ausgehen, daß der Wildbestand so reguliert wird, daß die für das Revier typischen Hauptbaumarten ohne mechanischen oder chemischen Schutz aufwachsen. Das kann selbstverständlich auch zu Situationen führen, in denen selbst bei geringen Wildbeständen Schäden vorhersehbar sind – schlicht provoziert werden. Ganz in meiner Nähe ließ ein Forstamtsleiter im Frühjahr sämtliche Schneebruchlöcher in den reinen Fichtenbeständen mit Ahorn auspflanzen. Natürlich war (auch für ihn) vorhersehbar, daß diese Ahornpflanzen ohne Schutz radikal zusammengebissen würden. Darauf wurde er auch von mehreren seiner benachbarten Kollegen anläßlich der Abschußplanbesprechung (mit Forderung nach Totalabschuß des Rotwildes) aufmerksam gemacht. Wie dem auch sei: Der Jäger hat weder die Möglichkeit, für Hauptbaumarten Schutzmaßnahmen zu verlangen, noch kann er sich gegen waldbauliche Provokationen wehren, wie sie eben geschildert wurden. Allerdings dürften solche Aktionen wirklich selten sein, dann wohl auch immer einem erklärten Ziel dienen und nur dort stattfinden, wo der forstliche Wirtschaftsführer die Aktion nicht über den *eigenen* Etat finanzieren muß.
Wie sieht es nun aus, wenn irgend so eine kleine Bauernwaldparzelle alljährlich stark verbissen wird (weil sie eben besonders exponiert liegt), und der Revierinhaber möchte – statt ewig Wildschaden zu bezahlen – einen Zaun errichten? Damit muß der Waldbesitzer keineswegs einverstanden sein.

Einen solchen Fall schilderte mir jüngst mein Büchsenmacher und belegte ihn mir auch. Dabei ging es um eine ganz kleine, einem Sägewerker gehörende Fläche – sonnseitig! Alljährlich wurden die verbissenen Fichten in Rechnung gestellt, von Jahr zu Jahr höher. Im vergangenen Frühjahr sollten nun 400 DM an Schaden durch Winterverbiß bezahlt werden. Der Pächter bot 200 DM unter der Bedingung, daß er um die Fläche einen Zaun erstellen dürfe. Dies lehnte der Säger ab, denn damit wäre ja das kleine Taschengeld versiegt. Der vereidigte Schätzer ermittelte dann einen Schaden von genau 66,69 DM! Da der Schätzer selbstverständlich auch nicht umsonst erscheint, kamen zu dem ansich lächerlichen Schaden noch 434,80 DM für den Schätzer. Jäger sind also durchaus erpreßbar!

Dieser kleine Fall zeigt aber vor allem, wie wichtig ein gutes Verhältnis zu den Jagdgenossen ist. Ein einziger Quertreiber kann ein ansonsten harmonisches Pachtverhältnis unerträglich machen. Was jetzt, wenn ein ortsfremder Pächter meint, sich über – berechtigte – Forderungen hinwegsetzen zu können?! Die Haltung der bäuerlichen Waldbesitzer wird nicht unwesentlich durch jene des zuständigen Forstbeamten bestimmt. Auch daran sollten wir denken – vor allem bei den mancherorts üblichen Streitereien um den Abschußplan.

Schutzmaßnahmen sind teuer

Hauptbaumarten müssen ohne Schutz hochkommen! Ja. Daß es aber gelegentlich auch bei niedrigen Rehwildbeständen nicht überall geht, zeigt uns die Abb. S. 169. Es gibt einfach Situationen, die auch für Hauptbaumarten Einzel- oder Flächenschutz erforderlich machen. Pflanzung ist immer stärker gefährdet als Anflug oder Aufschlag. Aber auch beim Anflug kann der Schutz eines Teiles notwendig sein. Etwa dort, wo zwischen reichlich Fichte einzeln die Tanne durchkommt; sie muß einfach geschützt werden. Auch gepflanzte Edellaubhölzer sind ungezäunt nur schwer über den Äser zu bringen, besonders bei kleinflächiger Pflanzung, etwa in Schneebruchlöchern.
Der Jäger sollte zumindest Grundkenntnisse in der Wildschadensverhütung haben. Einmal um entstehende Schäden und Kosten einschätzen zu können, aber auch um den Waldbesitzern nötigenfalls vorbeugende Hilfe anbieten zu können. In vielen Pachtrevieren hat es sich inzwischen eingebürgert, daß die Jäger Verbißschutzmaßnahmen selbst durchführen. Gelegentlich übernehmen sie auch den Zaunbau, beteiligen sich zumindest daran, um die Lohnkosten niedrig zu halten. Die wichtigsten Maßnahmen werden nachfolgend kurz skizziert:

Fegeschäden, besonders an: Lärche, Douglasie, Strobe, Ahorn, Ulme, Linde und Pappel.
Schutzmaßnahmen: Pfisterpfahl, Rauhgipfel, Alu-Folie, Drahtspirale, Metallstab, sowie chemisch.

Verbißschäden, besonders an: Kiefer, Fichte, Tanne, nahezu allen Laubhölzern.
Schutzmaßnahmen: Flächenschutz durch Zaun 1,50 m hoch, Drahthosen, Hanf, ungereinigte Schafwolle, chemische Mittel.

Zeit und Kosten
Pfisterpfähle lassen sich aus Sägewerksabfällen leicht selbst herstellen. Latten/Schwärtlinge je 140 cm lang, unten angespitzt, darauf vier quergenagelte, plastikumhüllte Drähte. Pfahl dicht hinter der Pflanze in Hauptwindrichtung einschlagen und die Drähte umbiegen.

Materialkosten für 100 Pfisterpfähle ca. 20 bis 30 DM
Zeitaufwand für Herstellung ca. 200 Min./100 Stück
Zeitaufwand für Ausbringung ca. 250 Min./100 Stück

Drahthosen bestehen aus ein oder zwei Pfählen, à 2 m, und ca. 1,2 lfm Sechseckgeflecht. Beide Pfähle neben der Pflanze einschlagen und Geflecht mit Krampen an ihnen befestigen.
Materialkosten für 100 Drahthosen 1,5 m hoch ca. 1400,– DM
Zeitaufwand für Herstellung ca. 1500 Min./100 Stück

Kulturzäune können mit festen Pfählen oder mit Scherenstangen, mit Sechseckgeflecht oder mit Knotengitter gebaut werden. Mit Sechseckgeflecht, 150 cm hoch, und fest eingeschlagenen Pfählen kostet bei uns der Laufmeter bei Erstellung durch Waldarbeiter ca. 8,50 DM. Dabei werden die Pfähle mit 6,86 DM/St., das Geflecht mit 89,50 DM/50 lfm, der Spanndraht mit 11,40 DM/50 lfm und die Waldarbeiterstunde mit 13,50 DM zuzüglich Soziallasten gerechnet.

Verbißschutzmittel werden meist im Oktober ausgebracht. Entweder mittels Doppelbürste, die in einen kleinen Eimer getaucht werden muß, oder mittels Gummihandschuh oder über eine Rückenspritze.
Verbrauch für 1000 Pflanzen bei Verwendung einer Doppelbürste ca. 4 l, bei Verwendung einer Rückenspritze ca. 6 l. Materialkosten ca. 35 DM für 1000 Pflanzen im Streichverfahren.
Zeitaufwand stark abhängig vom Pflanzenabstand, der Verunkrautung und dem verwendeten Gerät, schwankt zwischen 20 und 150 Minuten für 1000 Pflanzen.
Neben den käuflichen Verbißschutzmitteln gibt es noch die sogenannten *Hausmittel*. Nur ein Rezept soll hier angeführt werden: 45 kg Malerkalk, 50 Liter Wasser, 5 Liter Petroleum, 0,6 kg Adhäsit. Alles gut verrühren und mit Doppelbürste ausbringen.

Die wichtigsten Remisengehölze und ihre Ansprüche und Funktionen

	Substrat					Nährstoffe			ph-Wert			Wasser			Klima			Höhenlage			Licht			Bedeutung		
	anmoorig	steinig	Sand	Lehm	Ton	arm	mittel	gut	sauer	neutral	kalkhaltig	trocken	frisch-feucht	naß	warm	gemäßigt	kühl	bis 200 m	200 bis 400 m	ab 400 m	Licht	Halbschatten	Schatten	Verbiß	Frucht	Deckung
Ahorn, Feld-		×		×	○	○	×	×		×	×	×	○		×	×		○	×		■	×		×	○	×
Aspe	○	×	×	×	○	×	×	○	×	×	○	×	×	○	×	×	○	×	×	×	■	×		×		
Besenginster *		×	×	×		○	×		×	×		×	○		×	○		×	×	○	×			■		×
Birke *	×	×	×	○		×	×	○	×	■	○	×	■	×	○	■	×	×	×	×	■	○		○	×	
Brombeere	○	×	○	■	○	○	×	×	○	■	○	×	×	○	○	■	×	×	×	×	×	■	×	■	×	×
Erle, Weiß-, Rot-	×	×	○	×	○	×	×	×	○	×	×	○	×	×	○	×	×	×	×	×	■	○		○	○	×
Faulbaum	×		×	×	×	×	×		×	○		○	×	○		×	×	×	×	×		×	■		○	
Hainbuche	○	×	×	×	×	○	×	×	○	×	×	○	■		×	×	○	×	×	×	×	■		×		×
Hartriegel, Roter		×		×			×	×		×	■	○	×			×	×	×	×	○		×	×		○	○
Haselnuß		×		×	○		×	×	○	×	×	×	■			×	■		×	■	■	○		×	○	○
Heckenkirsche		×		×	×		×	×		×	×	○	×		○	×		○	×	○		○	×		○	×
Holunder, Roter		×		×	○		×	×		×	■		×			×	×		×	■	■	○		■	■	×
Holunder, Schw. *	○			×	×	○	×	■	○	×		○	■		×	×	×	×	×	×	○	■		■	■	×
Kreuzdorn		×		×				■		×	■	■	○		■	○		○	■		■				×	×
Liguster		×		×	○			×		×	■	○	■		■	×		×	×	○	■	○			×	○
Mehlbeere		×		×			○	×		×	■	×	■		×				■		×	○		○	×	×
Pfaffenhütchen *		×		■	×		×	×		○	■	○	×		■	○		○	■	○	×	○		×	○	×
Robinie *			×	×		○	×	×		×		○	×		■	×		■	×		■			■	×	×
Rose, Apfel-				×	○		×	■		×	×	○	×		×	×		×	×	×	×			×	×	×
Hunds-		×		×	×		×	■	○	×		×	×	○	×	×	○		×	×	×			×	×	×
Roteiche *	○	○	○	×	○	○	×	○	○	×		○	×		×	○		×	×		○	■		■	■	
Schlehe *	×	×	○	×	○		×	×	×	×	■	×	×		×	×		×	■	○	■			×	×	×
Schneeball, Gem.- *	×		○	×	×		×	×	×	■	×		■	○		×	×	×	×	×	○	■	○	×	○	○
Woll.-		×		×				×		×	■	■			■	×			×		×	○		○	○	
Traubenkirsche *	×		○	×	×	○	×	■	○	×			■	×		×	×	○	×	×	×	○				
Vogelbeere *	×	×	×	×		■	×	○	■	×	×	×	×			×	■	×	×	■	■			■	×	
Vogelkirsche *	○	×		×	○		×	×	○	×	×	×	■		■	×		○	×	○	■	○			○	
Weißdorn, Zweigr. *	○	×	○	×	○		×	×	○	×	■	×	○		×	■	○	×	■	×	×			■	×	×
Weide, Korb-		○	×	■	×	×	■	×	○	■	○		×	×	×	×	×	×	×	×	■			■		×
Sal-	○	×	○	×	×	×	×	×	×	■	×	×	■	○	×	×	×	×	×	×	■			■		○
Wasser-	○			■	×	○	×	■	○	×	×	○	×	○	×	■	×	×	×	×	■			■		○
Wildapfel *		×		×			×	×		×	■	×	×		×	×			×		×			○	■	

× = geeignet   ■ = besonders geeignet   ○ = beschränkt geeignet   * = wertvoll für Landschaftsgestaltung

Literaturverzeichnis

Bayern, A. v.; Bayern, J. v; 1986: Über Rehe in einem steirischen Gebirgsrevier, BLV Verlagsgesellschaft mbH, München.

Bayer. Staatsforstverwaltung; 1989: Optimale Schalenwilddichte, Bayer. Forstl. Versuchs- und Forschungsanstalt.

Bayer. Staatsforstverwaltung: Information Jagd 1981/82/83, OFD Ansbach.

Bayer. Staatsministerium ELF: Auswertung der Verbißgutachten aus dem Jahre 1986.

Blase, R.; Pettinger, F.; 1985: Die Jägerprüfung, Verlag Neumann-Neudamm.

Bornmann, P. u. K. Olischläger: 1988: Zähltreiben zur Wildbestandesermittlung in Nordhessen, Allg. Forst Zeitschrift 23/88.

Brem, G.; 1983: Vererbung des Geweihgewichtes beim Reh. Tierärztl. Praxis *11*/83

Bubenik, A.; 1971: Rehwildhege und Rehwildbiologie, F. C. Mayer, München.

Büttner, K.; 1986: Bejagung und Konditionsentwicklung eines Rehwildbestandes im Steigerwald von 1974–1985, Krug-Verlag, Würzburg.

Deselaers, J.; 1987: Zähltreiben, Niedersächsischer Jäger *21*/87.

Diezel, C. E.; 1954: Niederjagd, Parey Verlag, Hamburg.

Ebrach; 1987: Allgemeiner Exkursionsführer, Bayer. Forstamt Ebrach

Eisfeld, D.; 1979: Das Reh, Sonderdruck aus dem Jahrbuch 1979/44. Jahrgang des Vereins zum Schutze der Bergwelt, München.

Eisfeld, D.; 1975: Zur Regulation der Rehdichte und Vorschlag zur Neugestaltung der Abschußplanung, Allg. Forst Zeitschrift *50*/75.

Ellenberg, H.; 1975: Neue Ergebnisse der Reh-Ökologie: Zählbarkeit, Wachstum, Vermehrung, Allg. Forst Zeitschrift *50*/75.

Ders.; 1984: Rehwild und Umwelt, Vortrag auf der Arbeitstagung im März 1984 im Nationalpark Bayerischer Wald.

Ders.; 1986: Immissionen – Produktivität der Krautschicht – Populationsdynamik des Rehwildes: ein Versuch zum Verständnis ökologischer Zusammenhänge, Natur und Landschaft *9*/86

Enzinger, W.; Hartfiel U. W.; 1987: Vergleichende physiologische und morphologische Untersuchungen am Pansen von Rehen und Ziegen, Niedersächsischer Jäger *23*/87

Forstdirektion Tübingen; 1983: Bewertung von Wildschäden – Erläuterung zum Vordruck.

Gossow, H.; 1976: Schalenwild-Wald-Problem und Öffentlichkeitsarbeit, Allg. Forst Zeitschrift *25*/76.

Hartfiel, W.; 1987: Nährstoffverdauung und Energieverluste von Rehwild im Hinblick auf die Winterfütterung, Vortrag am 17. 11. 1987 in Wien.

Hartwig, V.; 1989: Weißt du wieviel Rehlein stehen ...?, Die Pirsch *6*/89.

Helemann, W.; 1984: Drückjagd in die falsche Kehle geraten; Die Pirsch *9*/84.

Ders.; 1987: Jagd auf weibliches Rehwild verboten? Die Pirsch *19*/87.

Hespeler. B.; 1979: Wildwuchs als Lebensgrundlage, Die Pirsch *10*/79.

Ders.; 1980: Improvisierte Äsungsflächen im Wald, Die Pirsch *13*/80.

Ders.; 1984: Von der Bedeutung der Wildpflanzen, Der Anblick *5*/84.

Ders.; 1984: Schwerpunktabschuß, Wild und Hund *12*/84.

Ders.; 1985: Rehwild und Waldverjüngung, Der Anblick *4*/85.

Ders.; 1985: Rehe, Jäger und Extreme, Die Pirsch *15*/85.
Ders.; 1985: Prügelknabe Wald, Jäger *8*/85.
Ders.; 1985: Rehe gedrückt, Die Pirsch *21*/85.
Ders.; 1986: Sinn und Unsinn der Rehwildhege, Deutsche Jagd Zeitung *3*/86.
Ders.; 1986: Ansprechen, worum geht es?, Die Pirsch *15*/86.
Ders.; 1987: Beamte, Bauern und Jäger, Wild und Hund *11*/87.
Ders.; 1989: Der rote Punkt, Der Anblick *4*/89.
Hofmann, R.; 1978: Die Ernährung des Rehwildes im Jahresablauf, Allg. Forst Zeitschrift *44*/78.
Ders.; 1977: Wildbiologische Erkenntnisse, ein Hilfsmittel zur Minderung der Wildschäden, Allg. Forst Zeitschrift *5*/77.
Horneck, H.; 1978: Unser Rehwild – seine Hege, seine Bejagung, seine Probleme, Allg. Forst Zeitschrift *44*/78.
Krebs 1986: Vor und nach der Jägerprüfung, BLV Verlagsgesellschaft mbH, München.
Kurt, F.; 1970: Rehwild, BLV Verlagsgesellschaft mbH, München.
Ders.; 1968: Das Sozialverhalten des Rehes, Parey Verlag, Hamburg.
Landesforstverwaltung Baden-Württemberg, 1985: 30 Jahre Landesforstverwaltung Baden-Württemberg, Eigenverlag.
Lienhard, U.; 1987/88: Wald und Wild, Feld-Wald-Wasser *10*/87 bis *2*/88.
Müller, W.-E.; 1979: Jagen nach dem Rehkalender, Die Pirsch *10*/79.
Nüsslein, F.; 1980: Jagdkunde, BLV, München.
Onderscheka, K.; 1987: Winterfütterung des Rot- und Rehwildes, St. Hubertus 11/87.
Raesfeld, F.; Neuhaus, A. H. u. K. Schaich; 1978: Das Rehwild, Parey Verlag, Hamburg.
Rau, F.; 1979: Waldgerechte Rehwildhege im Tannenrevier am Beispiel des Staatswaldes im Forstamt Lorch/Württ., Allg. Forst Zeitschrift *17,18*/79.
Reimoser, F.; 1986: Waldaufbau und Rehwildjagd, Allg. Forst Zeitschrift *49*/86.
Ders.; 1987: Zur Wirkung der Waldbestandesgrenzen auf Rehwild, Vortrag am 16. 11. 1987 in Wien.
Schäfer, E.; 1982: Hegen und Ansprechen von Rehwild, BLV Verlag, München.
Scheiring, H.; 1987: Ökologische Weiserflächen für die Schalenwildbewirtschaftung – landeskulturelle Verträglichkeitsprüfung, Vortrag am 16. 1. 1987 in Wien.
Schröder, W.; 1975: Brauchen wir den Abschußplan für Rehwild?, Allg. Forst Zeitschrift *50*/75.
Schwab, P.; 1980: Umweltgerechte Schalenwildregulierung, Voraussetzung standortgerechter Walderhaltung, Sonderdruck aus dem Tagungsbericht ›Wald und Wild‹ 1980, Forschungsinstitut für Wildtierkunde, Wien.
Sperber, G.; 1975: Einfluß der Altersstruktur und Mischungsform von Wäldern auf Bestand und Bejagbarkeit des Rehwildes. Allg. Forst Zeitschrift *50*/75.
Ders.; 1975: Zwölf Vorschläge zur künftigen Schalenwildhege, BLV Verlag, München.
Stehle, K.; 1986: Waldbau und Rehwild, Allg. Forst Zeitschrift 49/86.
Strandgaard, H.; 1975: Rehbestand und Regulation auf Kalö (Ost-Jütland), Allg. Forst Zeitschrift *50*/75.
Teusan, A.; 1977: Chemischer Einzelschutz bei der Weißtanne als Alternative zum Zaun, Allg. Forst Zeitschrift *9,10/77*.
Ueckermann, E.; 1971: Die Fütterung des Schalenwildes, Parey Verlag, Hamburg.
Weidenbach, P.; 1987: Ergebnisse der Auswertung des Forstlichen Gutachtens 1986 Allg. Forst Zeitschrift *19*/87.
Wotschikowsky, W.; 1984: Rehjagd in Europa: – Gehts auch anders? Arbeitstagung Rehwild im Nationalpark Bayerischer Wald 1984.

Stichwortverzeichnis